焦作市水资源评价

刘　磊　焦迎乐　张东霞　主编

黄河水利出版社
·郑州·

图书在版编目(CIP)数据

焦作市水资源评价/刘磊,焦迎乐,张东霞主编.—郑州:黄河水利出版社,2021.2

ISBN 978-7-5509-2931-9

Ⅰ.①焦… Ⅱ.①刘…②焦…③张… Ⅲ.①水资源-资源评价-焦作 Ⅳ.①TV211.1

中国版本图书馆 CIP 数据核字(2021)第 037094 号

组稿编辑:贾会珍 电话:0371-66028027 E-mail:110885539@qq.com

出 版 社:黄河水利出版社 网址:www.yrcp.com

地址:河南省郑州市顺河路黄委会综合楼 14 层 邮政编码:450003

发行单位:黄河水利出版社

发行部电话:0371-66026940、66020550、66028024、66022620(传真)

E-mail:hhslcbs@126.com

承印单位:河南新华印刷集团有限公司

开本:890 mm×1 240 mm 1/32

印张:5.375

字数:160 千字

版次:2021 年 2 月第 1 版 印次:2021 年 2 月第 1 次印刷

定价:48.00 元

《焦作市水资源评价》编委会

主　编：刘　磊　焦迎乐　张东霞

副主编：李佳红　王　帅　孟文民　李迎春

张春芳　赵志鹏　赵清虎　李晨希

王　宁　宋小鸥　董向东　吕雪茹

孙　珂

前　言

水是生命之源、生产之要、生态之基。水资源是基础性自然资源、战略性经济资源，是生态与环境的重要控制性要素，也是一个国家综合国力的重要组成部分。水资源量的多寡和质地的优劣，直接制约着人类生活水平的提高和经济社会的发展。

水资源评价是对某一地区或流域水资源的数量、质量及其时空分布特征，开发利用状况和供需发展趋势做出调查、分析和评价，是开展水资源规划和水资源调配的基础和前期，是指导水资源开发、利用、节约、保护、管理工作的重要基础，是制定流域或区域经济社会发展规划的重要依据。2017 年中央一号文件明确提出实施第三次全国水资源调查评价。这是基于近年来我国水资源情势变化、新老水问题相互交织、水安全上升为国家战略的大背景下迫切需要开展的一项重要基础性工作。

焦作市地跨黄河、海河两大流域，自然地理和气候条件比较复杂，不同区域水资源条件有不同的特点和规律。近年来，受气候变化和人类活动等影响，水循环和水资源情势发生新的变化，水资源演变规律呈现新的特点，水资源管理工作面临新的形势和新的要求。为全面摸清水资源状况，并及时准确掌握水资源情势出现的新变化，系统评价水资源及其开发利用状况，摸清水资源消耗、水环境损害、水生态退化情况，适应新时期经济社会发展和生态文明建设对加强水资源管理的需要，有必要开展新一轮的水资源评价工作。

焦作市水资源评价主要依据《全国水资源调查评价技术细则》和《河南省第三次水资源调查评价工作大纲》，并参考历次水资源调查评价以及水资源综合规划等已有成果，在此基础上，继承并进一步丰富评价内容，改进评价方法，全面摸清 60 余年来焦作市水资源状况变化，重点把握 2000 年以来水资源的新情势、新变化，梳理水资源短缺、水环境污染、水生态损坏等新老水问题,系统分析水资源演变规律,提出全面、真实、准确、系统的评价结果。

本次水资源评价项目涉及面广,成果内容较多,由于作者水平有限,难免存在不当之处,敬请各位读者指正。

作　者

2020 年 11 月

目　录

第1章　概　况

1.1　自然地理与社会经济

1.1.1　地理位置

焦作市位于河南省西北部，北依太行与山西省接壤，南临黄河与郑州、洛阳相望，地理坐标为东经112°34′~113°47′，北纬34°53′~35°28′，现辖2市、4县、4区和1个城乡一体化示范区，土地面积4 071 km^2，其中平原面积占全市土地面积的71.3%，主要分布在黄沁河冲洪积平原、蟒河平原及卫河平原，是耕地的主要集中带；山地及丘陵面积占全市总土地面积的28.7%，主要分布在北部的太行山区及山前丘陵岗地，也有一部分分布在孟州市西部。

焦作市是重要的新兴工业城市，辖区内铁路、公路纵横交错，交通便利。焦枝、焦太、焦新、月侯四条铁路线在此交会，郑焦城际高铁已经建成通车，未来将建成太焦、新焦、焦洛城际高铁，届时将形成“十”字形高速铁路网，往北可直达北京，往东可直达济南，往南可直达重庆和上海，往西可直达太原。公路四通八达，焦郑高速、焦晋高速和长济高速与周边城市及京港澳高速、二广高速互通，形成了“以高速公路为骨架、干线公路为支线、县乡道路为脉络”的立体化公路交通运输网，成为豫西北、晋东南的一个重要交通枢纽。

1.1.2　地形地貌

焦作市地处太行山脉与华北平原的过渡地带，全区地形西北高、东南低，呈阶梯式变化，层次分明。北部为太行山区，地面高程200~1 790 m，地形陡峭，河谷深切，岩石裸露，发育地表岩溶景观，地面起伏大;市区及南部为山前倾斜平原区和黄沁河冲洪积平原,地形略向南、南东倾斜,由北向南逐渐降低,地面标高 80~200 m。

从地貌成因来看,距今 2 500 万年的喜马拉雅造山运动时期(第三系末),山西地台发生强烈断裂,西部和北部上升为太行山,东部拗陷下沉为海洋和内陆盆地,由于新构造运动的影响,第四系以来太行山仍在不断抬升,太行山地的岩石风化物和风积黄土被山区河流长期冲刷搬运,大量的洪积冲积物质堆积在山口,形成许多大大小小的冲积扇,这些冲积扇逐渐扩展彼此连接起来,逐渐形成沿山前成条带状分布的倾斜平原。沁河口以南的扇形平原,是历史上沁河冲积的产物。区内中东部平原,为华北大平原的一部分,是黄河冲积物填海而成,焦作市的东部正处于黄河大冲积扇的顶端。在山前倾斜平原和黄河冲积平原之间,形成了一条狭窄的槽状的交接洼地,分界线为沁河。因此,根据地貌成因和形态特征,并考虑到空间分布上的联系将全市地貌依次划分为十个类型区(见图 1-1)。

(1)太行山地:位于太行山的南端,山西地台东南边缘。区内断层发育,沟谷纵横,地形陡峭,岗峦迭嶂,大部分为中山和低山丘陵。组成物质底部属古老的片麻岩、片岩、石英岩,中部为灰岩夹页岩,上部为厚层石灰岩,岩溶地貌较发育,多裂隙水和溶洞水。雨季多山洪,水土流失较重。

(2)山前丘陵岗地:主要分布在太行山地中低山的南侧,是一条很窄的陡坡地,山坡较为陡峻,可达 30°~50°。组成物质主要为石灰岩,因而岩溶地貌形态特征较显著,主要表现为地下河、溶洞及喀斯特泉发育。本区土薄石多,漏水严重。

(3)低山丘陵地:主要分布在孟州市西部,丘陵较低,土层深厚,切割强烈,沟谷纵横,水土流失严重,但丘间谷地较宽,是良好的耕地。

(4)太行山前倾斜平原:处于太行山南麓,由一连串洪积扇连接而成。海拔多在 100~200 m,坡降为 1/100~1/600。冲积扇靠近山口部分为坡地,土少石多,地力贫瘠,上部土层较厚,但坡降较陡,侵蚀切割重;中部平缓开阔,下部更趋缓平。在其前缘与沁河冲积平原之间的过渡地带,为一扇前洼地。

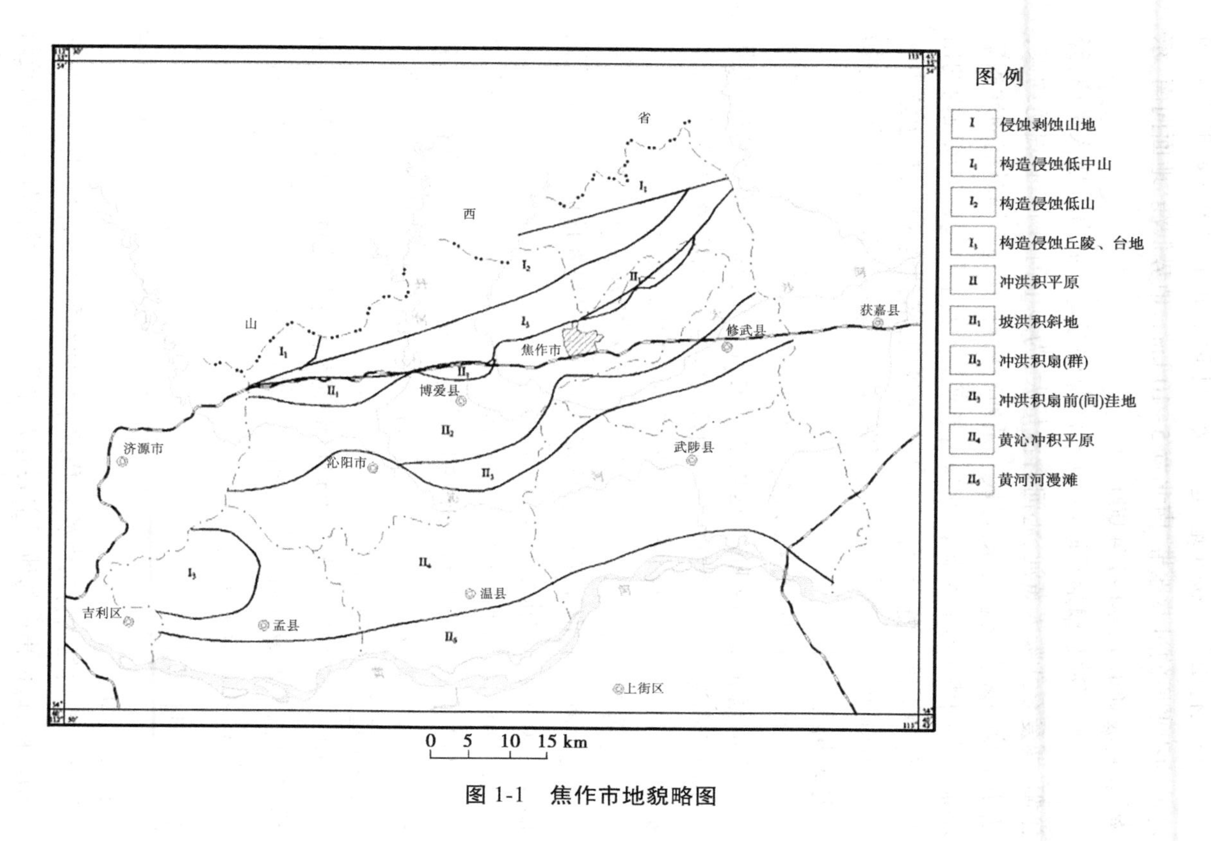
图例
I 侵蚀剥蚀山地
I1 构造侵蚀低中山
I2 构造侵蚀低山
I3 构造侵蚀丘陵、台地
II 冲洪积平原
II1 坡洪积斜地
II2 冲洪积扇(群)
II3 冲洪积扇前(间)洼地
II4 黄沁冲积平原
II5 黄河河漫滩
山
西
省
获嘉县
修武县
武陟县
焦作市
博爱县
沁阳市
温县
孟县
济源市
吉利区
上街区
0 5 10 15 km

图 1-1 焦作市地貌略图

(5)太行山前交接洼地:这一交接洼地正处于倾斜平原的前缘和沁河冲积平原的过渡地带,南北宽5~10 km。地势低洼,地面向南、东南倾斜,坡降1/1 500~1/4 000。

(6)沁河冲积扇形平原:沁河在济源市五龙口流出山地入平原,经沁阳、博爱至武陟入黄河,沁河含沙量大,为地上河,两岸有堤防约束,历史上曾经多次泛滥沉积,形成一系列冲积扇,这些不同时期的冲积扇叠加复合构成了今日的沁河冲积扇形平原。其上部起自济源境内的山前平原,中下部北抵大沙河,西止蟒河谷地,南到清风岭,东达沁南洼地。地面向东南倾斜。冲积扇上部较陡,并有西北东南向的岗地与槽状洼地相间排列。

(7)青风岭岗地:分布在温县、孟州市境内黄河滩的北侧,东西长约40 km,南北宽2~4 km。这里系古黄河大冲积扇的顶点,青风岭则为黄河长期泛滥形成的自然堤。因黄河侵蚀使岗地的南沿形成高出滩地4~8 m的陡坎,岗地北侧以缓坡同沁河冲积扇相连。

(8)沁南封闭洼地:分布于黄河、沁河和蟒河的交汇处,北、东、南三面均为地上河,由于沁河、黄河堤内滩地高出堤外地面3~4 m,从而形成了这一封闭的排水不畅的低洼区。

(9)郇封岭岗地:岗地高出西侧地面2~4 m,分布于大狮涝河和共产主义渠之间,是由沁河历次决口泛滥沉积而成的,由西南向东北伸延,长约40 km,宽3~6 km。土壤自西南向东北由沙壤土、壤土到黏土,也是重要的粮棉产区。

(10)黄河滩地:分布在大堤以南到黄河主流之间,由北向南成阶梯式下降,其形成先后分为高河漫滩、低河漫滩和嫩滩,每级滩面都较均一平坦,地势高于堤外。

1.1.3 地层构造

1.1.3.1 地层

焦作市地处太行山南麓和华北平原西缘的接壤部位,地域上属华北地层区,区内出露的地层主要有太古界的片麻岩类,震旦系的石英岩状砂岩,寒武系的砂页岩、泥岩及碳酸盐类,奥陶系的白云岩、泥灰岩、灰岩等碳酸盐岩类,石炭—二叠系砂岩、页岩及煤层,第四系的砂砾石、砂及粉质黏土等。

区内分布的地层由于岩性不同,构成不同的含水介质。广泛分布的寒武系、奥陶系灰岩,岩溶十分发育,具有很强的导水、储水性能。在山前岩溶地下水径流排泄区,形成富水的岩溶含水层,石炭—二叠系砂岩及数层灰岩,裂隙、岩溶较为发育,构成裂隙岩溶含水层,山前冲洪积平原的冲洪积物中,富含松散岩沉积物孔隙地下水。

1.1.3.2 构造

焦作市大地构造处于新华夏系太行山隆起的南段与晋东南山字形构造东翼反射弧的前缘和东秦岭纬向构造带的北缘,区内构造以断裂为主。

1. 凤凰岭断层

凤凰岭断层西起逍遥河口,经谷洞峪、马坪、司窑沿焦作北部山前向东延伸,地貌上构成山区与平原的自然分界,瓮涧河以东隐伏在新生界之下,局部可见破碎带,全长 68.6 km,东西走向,倾向南,倾角约 80°,落差 200~300 m。

2. 朱村断层

朱村断层西起济源克井煤田北缘,经河口、山王庄、柏山沿山前地带,至朱村偏向东南,被第四系覆盖,长 80 km 以上。断层北升南降,倾向南,倾角 70°左右,在朱村一带断距达 1 000 m 以上。断层北侧的奥陶系灰岩与南侧的石炭—二叠系砂页岩及新生界地层对接,从而构成本区岩溶水的南部边界。

3. 九里山断层

九里山断层西起东于村与朱村断层相交,至小墙北被凤凰岭断层截断,向东北经九里山、古汉山延伸至辉县北部山区,长约 70 km。断层走向北东,倾向北西,倾角 70°,南东盘上升,北西盘下降,断距 300~1 000 m。断层南东盘奥陶系灰岩在九里山、古汉山一带裸露地表,形成北东向展布的残丘。

4. 赵庄断层

赵庄断层西南端在南岭与凤凰岭断层斜接,向北经六堆宇交于黑龙王庙断层,长约35 km。断层呈北东走向,倾向东南,倾角60°~85°,破碎带宽10~50 m。

此外,本区还发育有朱岭断层、黑龙王庙断层、三十九号井断层、方庄断层等构造。

断层构造带常成为岩溶地下水循环交替的通道,凤凰岭断层、朱村断层、九里山断层带均是岩溶水强径流带和富水带。赵庄断层和朱岭断层形成地垒构造,相对抬高了隔水基底,对岩溶水的运动有一定控制作用。朱村断层断距大,断层北侧奥陶系岩溶含水层与南侧石炭—二叠系砂页岩隔水层对接,使岩溶水运动受阻,构成本区岩溶水的南部边界。

1.1.4 气候特征

焦作市地处中纬度地带,属大陆季风型暖温带半干旱气候,四季分明,春旱多风,夏热雨频,秋季昼暖夜凉,冬季寒冷干燥,年平均气温14.2~14.8 ℃,7月最热,平均气温27~28 ℃,1月最冷,平均气温-3~1 ℃,极端最低气温-22.4 ℃(1990年2月1日),极端最高气温43.6 ℃(1966年6月22日)。年均无霜期216~240 d,年均日照时数2 200~2 400 h。

受地形及区域性气候条件影响,焦作市降水量由山区到平原逐渐减少。多年平均降水量582.3 mm,年最大降水量961.5 mm,年最小降水量322.8 mm。降水量四季分配不均,一般多集中在7月、8月,次为6月、9月,汛期4个月的降水占全年降水量的64.8%~70.5%。降水量的年际变化也很大,丰水年降水量达枯水年降水量的3倍以上。

1.1.5 河流水系

焦作市地跨黄河、海河两大流域。其中,黄河流域面积为2 150 km^2,占全市总面积的52.8%;海河流域面积1 921 km^2,占全市总面积的47.2%。境内河流众多,流域面积在1 000 km^2以上的河流有5条,流域面积在100~1 000 km^2的河流18条。黄河流域的河流主要有黄河、沁河、丹河和蟒河,海河流域的河流主要有大沙河及其支流。焦作

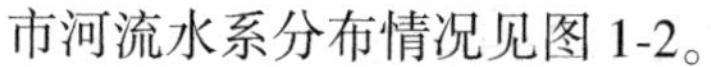

市河流水系分布情况见图 1-2。

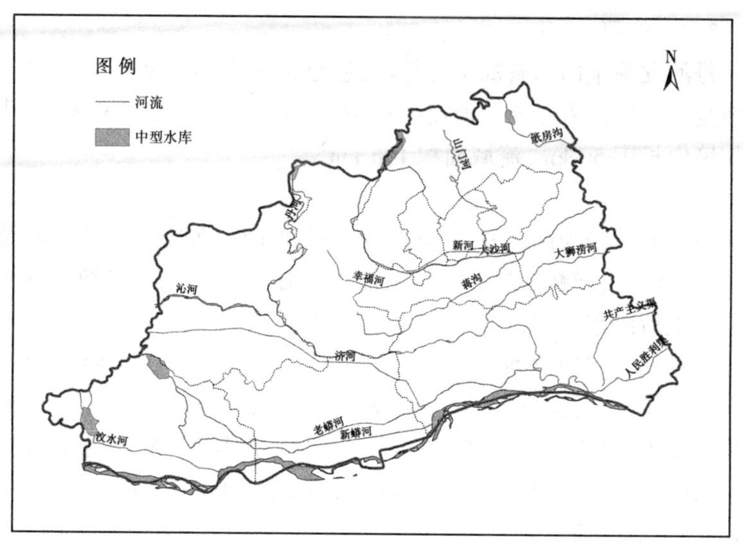

图 1-2　焦作市河流水系图

1.1.5.1　**黄河**

黄河为区内最大过境河流，由孟州市西虢镇进入焦作市，自西向东流经孟州、温县、武陟三县(市)13 个乡(镇)，于武陟县溜村出境，焦作境内河段长约 98 km，流域面积 2 150 km^2。根据花园口水文站实测资料，黄河入汛最大洪水洪峰流量(1958 年)为 22 300 m^3/s，平水期流量一般保持在 400~1 000 m^3/s。黄河为著名的地上“悬河”，滩面平均高出背河地面 3~5 m，部分河段达 10 m，能够对两岸地下水进行有效补给。

1.1.5.2　**沁河**

沁河属黄河流域，发源于山西省沁源县霍山南麓的二郎神沟，由北向南流经山西省的沁源、安泽、沁水、阳城、晋城，于晋城栓驴泉进入河南省境内，从济源市五龙口出太行山进入平原，在沁阳市的伏背村进入焦作市境，流经沁阳、博爱、温县、武陟，于武陟县南贾村汇入黄河。河流全长 495 km，流域面积 13 069 km^2，其中焦作境内河段长约 90 km，流域面积 772 km^2。沁河在济源市五龙口以下进入冲积平原，河床淤积,沁阳以下形成“悬河”,河底高出堤外地面 2~4 m。

1.1.5.3　丹河

丹河发源于山西省高平丹株岭,途经高平、陵川、晋城、沁阳、博爱,于博爱县陈庄汇入沁河。河流全长 166 km,流域面积 3 137 km^2,其中焦作境内长度 50 km,流域面积 196 km^2。

1.1.5.4　蟒河

蟒河上游分为南北两支,北蟒河为蟒河主流,发源于山西省阳城县境内花园沟村,南蟒河发源于济源市西部山区桃园岭,在济源市赵礼庄附近汇集后向东南流,于南官庄村进入焦作市。为了解决蟒河下游洪水排泄不畅的问题,1982 年大洪水后,于孟州市南庄镇至温县的汜水滩开挖了新蟒河,使蟒河洪水直接从汜水滩入黄河,河流全长 128 km,流域面积 1 155 km^2。老蟒河仍流经孟州市、温县、武陟县,于武陟县的解封村附近汇入沁河,河流全长 41 km,流域面积 631 km^2。

1.1.5.5　大沙河

大沙河发源于山西省陵川县夺火镇,是海河流域卫河的源头支流,流经博爱、中站、示范区、修武,于修武县官司桥村出境,流至新乡县合河村与其他支流汇合后称卫河。大沙河在焦作出境断面以上河道总长 70 km,流域面积约 1 664 km^2,其中山区面积约占 60%。其主要支流有幸福河、蒋沟、新河、山门河等。

1.1.5.6　新河

新河发源于焦作市区西南部灵泉陂村灵泉湖水,自西向东在修武县周庄乡洼村汇入大沙河,河流全长 20 km,流域面积 280 km^2。灵泉湖是地下水以自流泉形式泄于地表而形成的,近年来因区域地下水位下降,流入新河水量很少。目前,新河水主要是市区工业和生活污水经污水处理厂处理后的中水。

1.1.5.7　山门河

山门河发源于山西省陵川县郑山河,在西村乡山门河口另有西村石河和东村石河两条山区河道汇入,出山后经马村区,穿新焦铁路进入修武县,在张弓铺村汇入大沙河,河流全长 44 km,流域面积 143 km^2,为季节性河流。

1.1.6 社会经济

据《焦作市统计年鉴》，截止到2016年末，焦作市常住人口354.6万人，其中城镇人口200.2万人，农村人口154.4万人，平均人口密度871人/km^2。全市国内生产总值2 095.1亿元，人均国内生产总值达到5.9万元。三次产业结构为6.5∶58.9∶34.6，产业结构持续优化升级。

2016年全市规模以上工业增加值1 160.55亿元，其中重工业增加值748.3亿元，占比64.5%；轻工业增加值412.25亿元，占比35.5%。化学原料和化学制品制造业、汽车制造业、医药制造业等行业增速较快，高技术产业完成增加值65.98亿元。全年规模以上工业实现主营业务收入5 611.87亿元，实现利润总额352.85亿元。

2016年末，全市耕地面积292.7万亩(1亩=1/15 hm^2，全书同)，有效灌溉面积为278.6万亩，农田实灌面积237.5万亩，新增节水灌溉面积6.72万亩。全市农业主要以种植业为主，包括粮食作物、经济作物和其他作物。全年粮食种植面积420.36万亩，其中小麦种植面积218.98万亩，棉花种植面积0.76万亩，油料种植面积33.29万亩，蔬菜种植面积52.57万亩。全年粮食产量204.76万t，棉花产量0.06万t，油料产量12.61万t，蔬菜产量196.65万t。

2016年全市建筑业总产值110.60亿元，从事建筑业活动的从业人员平均人数为3.78万人，房屋施工面积530.07万m^2，房屋竣工面积188.70万m^2。

1.2 水利工程

经过长期的水利工程建设，焦作市初步形成了拦、蓄、引、提、灌、排等较为完善的水利工程体系，各种水利工程设施不仅在防洪、抗旱、除涝方面发挥了重要作用，而且为全市农业灌溉和居民生活、工业生产、生态环境用水提供了有效的供水水源。

1.2.1　蓄水工程

蓄水工程主要包括水库与塘坝工程，截止到2016年，全市已建水库26座，总库容1.5亿 m^3，其中中型水库5座，分别为顺涧、白墙、青天河、群英、马鞍石水库，总库容1.05亿 m^3；小型水库21座，总库容0.4亿 m^3；已建塘坝144处，总蓄水容量0.047亿 m^3。

1.2.1.1　青天河水库

青天河水库位于博爱县北部山区的丹河上，坝址在焦太铁路丹河桥上游1 km处，是一座集灌溉、防洪、梯级发电、供水、旅游于一体的中型水库，控制流域面积2 513 km^2。总库容2 070万 m^3，兴利库容1 690万 m^3。

1.2.1.2　马鞍石水库

马鞍石水库位于修武县北部山区的纸房沟上游，是一座以防洪、灌溉、供水为主的中型水库，水库控制流域面积90 km^2，总库容1 057万 m^3，兴利库容842万 m^3。

1.2.1.3　群英水库

群英水库位于焦作市西北大沙河上游峡谷中，是一座集灌溉、防洪、供水、旅游于一体的中型水库。防洪标准为100年一遇洪水，控制流域面积165 km^2，总库容1 660万 m^3，兴利库容1 247万 m^3。

1.2.1.4　白墙水库

白墙水库位于孟州市西北蟒河中游，是一座以防洪为主，兼顾灌溉、水产养殖等综合利用的中型平原水库。水库控制流域面积710 km^2，总库容4 000万 m^3，兴利库容672万 m^3。

1.2.1.5　顺涧水库

顺涧水库位于孟州市西虢镇顺涧村东北的汶水河上，是一座以防洪、灌溉为主，兼顾水产养殖、旅游开发等综合利用的中型水库。控制流域面积30 km^2，总库容1 755万 m^3，兴利库容1 548万 m^3。

1.2.2　引水及农业灌溉工程

全市万亩以上灌区共计19处，有效灌溉面积84.9万亩，包括引沁、广利、人民胜利渠、武嘉4个大型灌区和15个中型灌区。

1.2.2.1　引沁灌区

引沁灌区灌溉范围涉及济源市、孟州市和洛阳市吉利区等的15个乡(镇),设计灌溉面积40.03万亩,有效灌溉面积33.4万亩,焦作境内实际灌溉面积为10.3万亩。灌区现有总干渠1条,全长100.6 km;另有15条干渠,总长108.6 km。

1.2.2.2　广利灌区

广利灌区灌溉范围涉及济源市、沁阳市、温县、武陟县等的16个乡(镇),设计灌溉面积31万亩,有效灌溉面积23.1万亩,焦作境内有效灌溉面积为18.4万亩。灌区现有总干渠1条,全长29.1 km;干渠6条,长13.5 km。

1.2.2.3　人民胜利渠灌区

人民胜利灌区灌溉范围涉及焦作、新乡两市,主要在新乡市境内,流经焦作市武陟县2个乡(镇)。灌区设计灌溉面积148.8万亩,有效灌溉面积65万亩,其中焦作境内有效灌溉面积2.7万亩。

1.2.2.4　武嘉灌区

武嘉灌区灌溉范围涉及焦作、新乡两市,其中焦作市境内流经武陟县、修武县的6个乡(镇)。灌区设计灌溉面积36万亩,有效灌溉面积29万亩,其中焦作境内有效灌溉面积18.2万亩。

1.2.2.5　丹东灌区

丹东灌区位于博爱县境内,灌溉范围涉及境内6个乡(镇),设计灌溉面积16.9万亩,有效灌溉面积15.3万亩。灌区现有总干渠1条,长9.7 km;干渠3条,长35.6 km。

1.2.2.6　丹西灌区

丹西灌区位于沁阳市境内,灌溉范围涉及境内6个乡(镇),设计灌溉面积5.3万亩,有效灌溉面积3.6万亩。灌区内主要引水工程有丰收渠和友爱河两条干渠,长30 km;支渠14条,总长32.1 km。

1.2.3　其他水利工程

截止到2016年,全市已建水电站工程8座,总装机容量1.76万

kW；各类中小型水闸163座，主要河道堤防共计863.3 km，机电排灌站880处，机电井44 379眼。

南水北调中线工程在焦作市境内穿城而过，境内线路总长76.67 km，设计流量245~265 m^3/s，总干渠宽70~280 m，每年可向焦作市供水2.69亿 m^3，不仅可以缓解焦作市水资源紧缺的压力，还能构建起地表水和地下水联合配置的供水格局，为焦作市生态水系建设及经济社会的发展提供水资源保障。

1.3　水文地质条件

1.3.1　水文地质概况

地下水的埋藏分布和赋水程度受降水、地形地貌、地质构造及岩层特性等多种因素的控制和影响，岩石性质和特征是决定地下水分布及赋存状态的基础。根据岩性结构和含水岩组的不同，焦作市地下水主要分为松散岩沉积物孔隙水和碳酸盐岩岩溶裂隙水两大类。松散岩沉积物孔隙水广泛分布在山前冲洪积平原和南部黄沁河冲洪积平原，面积广，藏水丰富，特别是浅层地下水，埋藏浅，易于开采，水质条件好，适于农田灌溉。碳酸盐岩岩溶裂隙水主要分布在北部太行山前构造侵蚀和剥蚀的中、低山丘陵区，按有无碎屑岩类夹层可划分为：碳酸盐类含水岩组和碳酸盐类夹碎屑岩类含水岩组。

1.3.2　含水层组及其特征

1.3.2.1　松散岩沉积物孔隙含水岩组

松散岩沉积物孔隙含水岩组分布区内各地赋水岩层厚度变化大，含水岩组与富水程度都具有条带状分布的特征。在太行山前倾斜平原，含水岩层为更新统和全新统冲积洪积相砾、卵石，厚度大，孔隙大，赋水条件较好，气流受山地动力抬升的影响，降水丰沛，形成洪积扇形强富水区。沁阳—济源一线以南，孟县—武陟县以北之间，因全新统河流冲积中细砂含水岩层较薄,浅层地下水不足,为倾斜平原前缘中等富水区。东南部地区,自第三系以来,长期处于缓慢的沉降之中,接纳了数千米厚的砂、砾、亚黏土等沉积物,含水岩层巨厚、孔隙发育,是地下水形成的良好场所,同时其地表多分布着亚黏土、粉细砂,降水易于渗入,形成了黄河冲积扇强富水区。

孔隙水含水岩组根据含水介质、水文地质特征的不同,自上而下划分为浅层含水层组和中深层含水层组。

1. 浅层含水层

浅层含水层组底板埋深一般为40~60 m,由第四系上更新统和全新统冲洪积物构成,岩性为一套粗细相间的砂、砂砾石和泥质松散堆积物组成。浅层含水层在水平方向上连续性较好,垂向上沿黄河地带砂层单层厚度大,可见砂层2~3层,一般单层厚6~15 m,总厚度18~25 m;最大厚度位于武陟县城—詹店一带,厚22~40 m,各层之间弱透水层薄,岩性多为粉土。北部山前地带砂砾石层厚度随地貌部位的不同变化明显,冲洪积扇轴部堆积厚度大,一般15~25 m,向冲洪积扇间和扇前缘部位变薄,厚度一般小于15 m,粒径变小,层数变多。冲洪积扇裙前缘及其与黄河冲积平原交接地带,含水层厚度变薄,单层厚度一般小于5 m,可见3~5层,总厚度一般为8~15 m,含水层之间的弱透水层岩性一般为粉质黏土、黏土,含水砂层与弱透水层呈互层结构。

含水层富水特征叙述如下。

1)极强富水区

极强富水区主要分布于沁河、丹河、西石河和山门河冲洪积扇部位。

沁河冲洪积扇:位于沁阳市紫陵—西向一带。含水层岩性以卵砾石为主,含水层厚度15~25 m,抽水降深1~3 m,单井涌水量2 200~6 240 m^3/d。

丹河冲洪积扇:西从沙滩园,东至博爱县城,北从大辛庄,南到烟粉庄一带。含水层岩性为砂和砂砾石,揭露含水层厚度20~30 m,单井涌水量3 000~8 600 m^3/d,渗透系数4.90~268.56 m/d。

西石河冲洪积扇：西从东洼，东至府城，北从六家作，南至北西尚，含水层岩性为砂砾石，局部为钙质胶结砾岩，含水层厚度一般大于30 m，单井涌水量一般为3 000～5 800 m^3/d，渗透系数55.00～557.21 m/d。

山门河冲洪积扇：主要分布在待王、北孔庄一带，含水层厚度20～30 m，岩性为砂和砂砾石，单井涌水量3 000～3 500 m^3/d。

总的来看，冲洪积扇的共同水文地质特征是：从扇体顶部至下部及两侧边缘地带，含水层由厚变薄，颗粒由粗变细，扇体中部单井涌水量一般大于5 000 m^3/d，渗透系数116～1 100 m/d；扇体边缘单井涌水量3 000～5 000 m^3/d，渗透系数50～100 m/d。

2）强富水区

强富水区分布于山前冲洪积扇前缘及广大的黄沁冲洪积平原区，含水层岩性以中细砂、细砂为主，局部为砂砾石、粗砂层，厚度一般为15～30 m，水位埋深一般为3～6 m，局部地段大于10 m，一般抽水降深2～6 m，单井涌水量1 000～2 800 m^3/d，渗透系数12～85 m/d。

3）中等—弱富水区

中等—弱富水区主要分布于冲洪积扇与黄沁冲积平原交接洼地的博爱县南部界沟—焦作李万—修武县城一带，其次分布于孟州市西北部黄土丘陵、岗地周围。含水层岩性以细砂为主，且多含有泥质，单层厚度薄，总厚度6～10 m，呈多层结构，具弱承压—承压性质。交接洼地区水位埋深一般为1～4 m，抽水降深6.93～10.31 m，单井涌水量718～848 m^3/d，渗透系数一般小于10 m/d。岗地区水位埋深一般大于20 m，抽水降深2～10 m，单井涌水量78～862 m^3/d。

中深层含水层组底板埋深一般为60～150 m，由上更新统下部和中更新统沉积物构成，含水层岩性由冲洪积、冲积成因的一套粗细相间的砂、砂砾石和泥质松散堆积物组成，变化较大。总的特点是：由冲洪扇顶部、轴部向前缘，颗粒由粗变细，厚度由大变小。位于平原区北部山前冲洪积扇区的沁阳市—博爱县—焦作市区南部—修武县北部五里源一带，含水层岩性以中粗砂、砂砾石为主，局部为卵砾石层；位于孟州市—温县—武陟县及其南部的沿黄地带,含水层岩性以中、细砂为主,温县以西可见砂砾石层,属黄河南岸支流伊洛河冲洪积堆积物,含水层厚度一般为40~60 m。位于温县北部—修武县南部的山前冲洪积扇与黄河冲积相交接地带,含水层岩性以细砂、粉细砂为主,含水层厚度一般为20~40 m,温县黄庄—博爱县张茹集一带厚度最小,为11~15 m。孟州市以北的大部分地区,含水层岩性为新近系细砂岩,最西部岗陵区为古近系粉细砂岩,含水层厚度变化较大,揭露厚度24~59 m,含水层顶板埋深40~60 m。

2. 中深层含水层

中深层含水层富水性特征叙述如下。

1) 强富水区

沁丹河冲洪积扇强富水区:分布于崇义镇—孝敬—阳庙镇一线以北的山前平原区,含水层岩性以砂砾石、卵砾石为主,厚度一般为20~33 m,水位埋深2~12 m,近山前地带水位埋深达40 m,沁阳市西部柏香镇—西王曲一带水位埋深浅,单井涌水量40~68 m^3/h。

山门河、纸房沟冲洪积扇强富水区:分布于五里源—葛庄—史平陵一带,含水层岩性以砂砾石为主,局部卵石,厚度一般为20~30 m,水位埋深一般为10~20 m,待王镇—周庄一带水位埋深较浅,单井涌水量38~55 m^3/h。

黄河冲洪积平原强富水区:分布于南部沿黄河一带。含水层岩性:温县赵堡镇以西以砂砾石为主,其次为中、粗砂;以东以中细砂、中粗砂为主,含水层厚度一般大于40 m,詹店镇一带最厚达80 m以上。水位埋深5~18 m,单井涌水量39~60 m^3/h。

2) 中等富水区

冲洪积扇与黄河冲积平原交接地带中等富水区:含水层岩性以细砂、粉细砂为主,局部细中砂,厚度11~26 m,水位埋深一般为10~15 m,博爱县南部西金城—张茹集一带水位埋深较浅,为2.6~6 m,单井涌水量20~80 m^3/h。

3) 弱富水区

山门河冲洪积扇前洼地弱富水区:分布于修武县城西的张弓铺一

带,范围较小。含水层岩性以粉细砂为主,厚度22.84 m,区内水位埋深变化大,单井涌水量仅3.35 m^3/h。

丘陵、岗地弱富水区:分布于孟县县城及其西北地区,张洼以西含水层岩性为古近系的粉细砂岩,张洼以东为新近系的松散—半胶结的细砂、粉细砂,局部含砾。古近系粉细砂岩含水层富水不均,单井涌水量一般小于10 m^3/h,仅供当地居民生活用水;新近系细砂、粉细砂含水层,抽水降深一般为20~40 m,单井涌水量15~30 m^3/h。

1.3.2.2 碳酸盐岩类裂隙岩溶含水岩组

碳酸盐岩类裂隙岩溶含水岩组为基岩山区的主要含水岩组,赋水条件好,贮水丰富,在降水补给相同时,含水岩层的富水程度取决于构造、岩性及河流地面的切割程度。该含水岩组是基岩地区诸含水岩组中重要的含水岩组,主要由奥陶系灰岩和寒武系的白云质灰岩、泥质条带灰岩组成,广泛分布在太行山前丘陵岗地。由于构造裂隙和裂隙岩溶发育不一,富水程度也极不均一,含水层的富水性受构造断裂控制显著。

1.极强富水区

岗庄、九里山、古汉山一带极强富水区:位于九里山断层东南盘,呈北东向条带状延伸,在九里山与凤凰岭断层交会处与凤凰岭断层北盘的极强富水区相接,形成了焦北子系统凤凰岭断层与九里山断层联合极强富水区。中奥陶统灰岩在闫河、岗庄北侧及九里山、古汉山残丘裸露地表,并在九里山和古汉山东南侧直接伏于第四系松散层之下,局部直接伏于砂砾石层之下,大部分地区埋藏于石炭—二叠系之下,埋藏深度一般小于500 m。受断裂的影响,岩石破碎,岩溶强烈发育,为岩溶水的富集和运移提供了良好场所。抽水降深0.33~8.30 m,单井出水量1 353~5 262 m^3/d。

冯封—王褚极强富水区:位于朱村断层北盘,呈东西向条带状延伸,受朱村断层的影响,北盘上升,使中奥陶统灰岩含水层组埋深较浅,该区内北东向的次级断裂发育,如王封断层、冯封断层、二十四号井断层、三号井断层等,将中奥陶统灰岩切割成许多断块,岩石破碎,岩溶极其发育,构成了丹河子系统岩溶地下水的极强富水区。抽水降深0.01~20.85 m,单井涌水量288~4 886 m³/d。

2. 强富水区

强富水区位于赵庄断层以南的大部分地区。在凤凰岭断层以北的低山丘陵区,中奥陶统灰岩含水层组主要以裸露型为主,局部地区下伏于石炭系之下,在西石河的六堆宇—桥沟段,第四系卵砾石直接覆盖于中奥陶统灰岩含水层组之上;中站区—百间房—方庄一带的山前倾斜平原区,中奥陶统含水层组埋深小于500 m,但在马村—安阳城一带的地堑断块内则为500~1 000 m。岩石的破碎程度和岩溶发育较上述两个极强富水区差,抽水降深变化较大,一般为3~15 m,单井涌水量600~1 575 m³/d。

3. 中等—弱富水区

中等—弱富水区分布于恩村—待王—五里源一带,中奥陶统灰岩含水层组顶板埋深500~1 000 m,构造及岩溶不甚发育,单井涌水量小于1 000 m³/d。

1.3.3 地下水补、径、排特征

1.3.3.1 浅层孔隙地下水

浅层孔隙地下水主要接受降水的直接入渗补给,此外九里山、古汉山一带的岩溶水在丰水期通过天窗顶托补给孔隙水。河流的渗漏补给、矿坑水及灌溉回渗也是其补给方式之一。径流方向总体上由西南流向东北,山前地带向南径流,南部沿黄地带向北径流。但由于地下水降落漏斗的形成,改变了原有的地下水流场,地下水由漏斗外围向漏斗中心流动。目前,人工开采和矿坑排水为其主要排泄方式。

1.3.3.2 中深层孔隙地下水

中深层孔隙地下水主要受侧向径流补给和浅层水的越流补给。中深层地下水排泄方式是人为开采。包括县(市)集中供水水源地开采、乡村生活饮用水开采、工矿企业自备井开采。受补给、排泄条件的制约,中深层地下水总体向东或东北径流,山前地带向南径流,南部沿黄地带向北径流。沿南庄镇—赵堡镇—郇封一带形成低水位洼槽。西虢—赵和以西的岗丘区,受地形条件的影响,水位标高变化较大,岗丘周围形成高水力坡度带,地下水径流条件极差。西北部沁丹河冲洪积扇区,地下水由西北向南东径流,水力坡度1.5‰~2.8‰;东北部待王镇—五里源一带,地下水由西北流向南东,水力坡度4.5‰;南部沿黄地带,地下水由南向北径流,水力坡度1.12‰~2.79‰,平均水力坡度1.5‰。

1.3.3.3　岩溶地下水

本区岩溶地下水补给来源主要为大气降水、地表水渗漏及侧向径流等。大气降水通过裸露的灰岩和河谷构造发育地段直接渗入补给,地表水主要是河水通过河谷岩溶裂隙发育地段,沿河床线状渗漏补给,侧向径流是区域上游岩溶地下水以地下径流的方式补给本地区。岩溶地下水的排泄,主要为泉排泄、人工开采、矿坑排水及侧向径流等。

1.4　流域及行政分区

1.4.1　流域分区

为满足以河流流域为单元进行水资源开发利用的需要,并充分考虑水资源管理保护的要求,水资源评价需要提出流域分区成果。参考《全国水资源分区》和《河南省第三次水资源调查评价工作大纲》来进行焦作市流域分区的划分。

一级区:按照保持流域水系完整的原则,全市划分为黄河流域与海河流域2个一级区。

二级区:在一级分区的基础上,按照基本保持河流水系完整的原则划分。全市划分为三门峡—花园口与海河南系2个二级区。

三级区:在二级分区的基础上,按流域分区与行政区划相结合的原则划分。全市划分为小浪底—花园口干流区、沁丹河区、漳卫河山区和漳卫河平原区4个三级区。

焦作市流域三级分区情况见表1-1和图1-3。

表1-1　焦作市流域分区

流域分区			分区面积（km^2）
一级分区	二级分区	三级分区	
黄河流域	三门峡—花园口	小浪底—花园口干流区	896
		沁丹河区	1 254
海河流域	海河南系	漳卫河山区	729
		漳卫河平原	1 192
全市合计			4 071

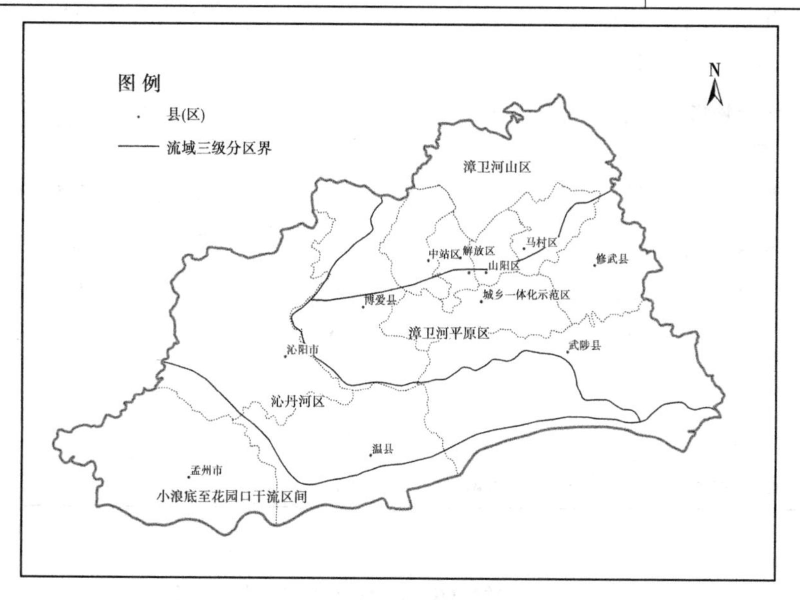

图1-3　焦作市流域三级分区

1.4.2　行政分区

根据民政部门公布的最新行政区划成果，焦作市共划分11个县级行政区，即沁阳、孟州2个县级市，修武、博爱、武陟、温县4个县和解放、山阳、中站、马村4个城区及1个城乡一体化示范区。

流域分区套行政区形成的单元称为计算单元，它是各单项评价成果的统计汇总单元。全市按照4个流域三级分区套11个县级行政区共形成22个计算单元,详见表1-2。

表1-2 焦作市行政分区 (单位:km²)

行政分区	行政区面积(km²)	黄河流域		海河流域	
		小浪底—花园口干流区	沁丹河区	漳卫河山区	漳卫河平原区
解放区	62			45	17
山阳区	65			53	12
中站区	124			109	15
马村区	118			77	41
城乡一体化示范区	173				173
修武县	633			358	275
博爱县	435		93	87	255
武陟县	833	126	303		404
温县	462	171	291		
孟州市	542	542			
沁阳市	624	57	567		
全市合计	4 071	896	1 254	729	1 192

1.5 水资源概念与评价指标

1.5.1 水资源概念及形成条件

水资源是指以气态、液态、固态的形式赋存在地球表层全部水的统称。水是人类生存和经济社会发展必不可缺的物质基础,水资源量的多寡和质的优劣,直接制约着人类生活水平的提高和经济社会的发展。

水作为保证人类社会存在和经济社会发展的重要自然资源，具有下列主要特征：①可以按照社会需求提供或有可能提供的水量；②这个水量有可靠来源，且这个来源可以通过自然界水文循环不断得到更新或补充；③这个水量可以由人工加以控制；④这个水量及其水质能够适应人类用水的要求。

水资源的形成和转化，不仅受气候、地形地貌、土壤岩性、森林植被、水体与水体之间关系的制约，而且还受人类活动的影响，而大气降水是主要的影响因素。一部分降水形成地表水，一部分形成地下水，一部分蒸散发到空中。地表水和地下水组成的水流系统，形成区域水资源。

山区因坡度大，降落到地表的水在重力作用下很容易沿山坡流动汇集到河流，形成地表水资源。平原区则因地表坡度小，降落到地表的水不易流动，容易形成地表积水，进而产生持续稳定的下降，有利于降水对地下水的补给。不同的土壤岩性有着不同的孔隙率，当降水特征相同时，孔隙率大的，其储水及渗透能力也大，形成地下水资源量就多；反之，孔隙率小的，其储水及渗透能力小，则形成地下水资源量就少。植物根系吸收土壤水分通过枝叶表面的蒸腾作用加速地下水资源的消耗，减少流域的水资源量。在降水过程中，植物还通过吸附、承托、张力等现象储存部分降水，这部分降水量最终以蒸发形式消耗殆尽，减少了水资源的形成。

1.5.2 水资源评价指标

表征水资源状况的主要指标有影响因素指标、数量指标、质量指标和可持续利用指标等。

1.5.2.1 水资源影响因素指标

(1)大气降水量：指在一定的时段内，从大气降落到地面的降水在地平面上所积聚的水层厚度，以深度表示，单位采用毫米(mm)。

(2)蒸发能力：指充分供水条件下的陆面蒸发量，可近似用E-601型蒸发器观测的水面蒸发量代替，以深度表示，单位采用毫米(mm)。

(3)干旱指数：指陆面蒸发能力与年降水量的比值。

(4)气温:大气的温度,表示大气冷暖程度的量,单位采用摄氏度(℃)。

(5)湿度:大气中水汽含量或潮湿的程度,常用水汽压、相对湿度、饱和差、露点等物理量来表示,相对湿度无量纲,采用百分比(%)表示。

(6)风速:单位时间内空气移动的距离,按风速大小以等级表示。

1.5.2.2　水资源量评价指标

(1)水资源总量:指评价区域内当地降水形成的地表和地下的产水量。

(2)地表水资源量:指区域内河流、湖泊、冰川等地表水体中,由当地降水形成的可以更新的动态水量,或用天然河川径流量表示。

(3)地下水资源量:指与大气降水、地表水体有直接补给或排泄关系的动态地下水量,即参与水循环而且可以不断更新的地下水量。

(4)河川径流量:径流是由降水产生的,自流域内汇集到河网,并沿河槽下泄到某一断面的水量。

(5)降水入渗补给量:降水入渗补给量是指降水(包括坡面漫流和填洼水)渗入到土壤中,并在重力的作用下渗透补给地下水的水量。

(6)河道渗漏补给量:当河道水位高于河道岸边地下水位时,河水渗漏补给地下水的水量。

(7)渠系渗漏补给量:指渠系水补给地下水的水量。

(8)渠灌田间入渗补给量:指渠灌水进入田间后,入渗补给地下水的水量。

(9)山前侧向补给量:指发生在山丘区与平原区的交界面上,山丘区地下水以地下潜流形式补给平原区浅层地下水的水量。

(10)井灌回归补给量:指井灌水进入田间后,入渗补给地下水的水量。

(11)潜水蒸发量:指潜水在毛细管的作用下,通过包气带岩土向上运动造成的蒸发量。

1.5.2.3　变化关系评价指标

反映不同水资源量之间变化关系(转化关系)的主要评价指标有

以下几个。

(1)径流系数:用同一时段内径流深度与降水量的比值表示降水量产生地表径流量的程度,以小于1的数或百分数计。

(2)产水系数:指多年平均水资源总量与多年平均年降水量之比值,反映评价区域内降水所产生地表水和地下水的能力,以小于1的数或百分数计。

(3)降水入渗补给系数:反映降水量产生地下水的能力,用降水入渗补给量 P_r 与相应降水量 P 的比值表示。

(4)灌溉入渗补给系数:指田间灌溉入渗补给量与进入田间灌水量的比值。

(5)渠系渗漏补给系数:反映渠系过水量的损失强度,用渠系渗漏补给量与渠首引水量的比值表示。

(6)渠系有效利用系数:反映渠系的有效使用率,用灌溉渠系送入田间的水量与渠首引水量的比值表示。

1.5.2.4 数量质量评价指标

(1)流量:表示单位时间内通过某断面的水流体积,单位用立方米每秒(m^3/s)表示。

(2)径流量:时段内通过某断面的水体总量,单位用立方米(m^3)表示。

(3)径流深:把某一时段内的径流总量平铺在相应流域面积上的平均水层深度,以毫米(mm)计。

(4)水资源量:某时段内评价区域所产生的水资源量,单位用立方米(m^3)、万立方米(万 m^3)、亿立方米(亿 m^3)表示。

(5)水资源模数(产水模数):指单位面积上的产水量,可用水资源总量与面积的比值来表示,单位用万立方米每平方千米(万 m^3/km^2)表示。

(6)地下淡水:指矿化度小于2 g/L的地下水。

(7)微咸水:指矿化度大于2 g/L的地下水。

(8)水体污染评价指标:主要有污染物含量、浓度、水质类别超标倍数等,一般常用单位有毫克每升(mg/L)、克每升(g/L)。

1.5.2.5 可持续利用评价指标

(1)水资源可利用总量:在确保社会经济可持续发展、水资源可持续利用条件下,为保持生态、生活、生产协调发展,可以一次性提供给生活、生产的最大用水量。

(2)地表水可利用量:指在可预见的时期内,在统筹考虑河道内生态环境和其他用水的基础上,通过经济合理、技术可行的措施,可供河道外生活、生产、生态用水的一次性最大水量(不包括回归水的重复利用)。

(3)地下水可开采量:指在可预见的时期内,通过经济合理、技术可行的措施,在不致引起生态环境恶化条件下允许从含水层中获取的最大水量。

(4)利用率:反映区域水资源开发利用程度的评价指标,以代表时段内区域供水量与水资源量比值表示。

(5)消耗率:反映区域水资源利用消耗或部门用水消耗程度的重要指标,以代表时段内区域消耗量与用水量比值表示。

第2章　降　水

大气降水是地表水和地下水的重要补给来源,区域降水量的多寡基本上反映了该区域水资源的丰枯状况。

根据地形、地貌特点及雨量站分布密度,选择资料质量好、系列完整、布局均匀且能反映地形变化影响的站点作为分析评价的选用站。在降水量空间变化梯度较大的山区,尽可能加大选用雨量站的密度,降水量变化梯度较小的平原区着重考虑站点的均匀分布。当雨量站密度不能满足评价要求时,可借用邻近地区长系列雨量站或对资料系列长度相对较短的雨量站进行插补延长处理。插补延长一般采用直接移用邻站资料法、年月降水量相关法、降水量等值线图查算法和相邻数站均值移用法,插补时注意参证站气象、下垫面条件与选用站的一致性。

本次共选用焦作市所辖及周边区域22处雨量站点观测资料进行分析评价,其中黄河流域9处、海河流域13处,平均站网密度185 km^2/站。评价统一采用1956~2016年(61年)同步期系列资料。选用雨量站分布情况见图2-1。

2.1　统计参数及系列代表性分析

2.1.1　统计参数

降水量统计参数包括多年平均降水量、变差系数 C_v 和偏态系数 C_s。单站多年平均降水量采用算术平均法计算,适线时不做调整。C_v 值先用矩法计算,再用适线法目估调整确定。频率曲线采用P-Ⅲ型线型,适线时照顾大部分点据,但主要按平、枯水年份的点据趋势定线,对系列中特大值、特小值不做处理。

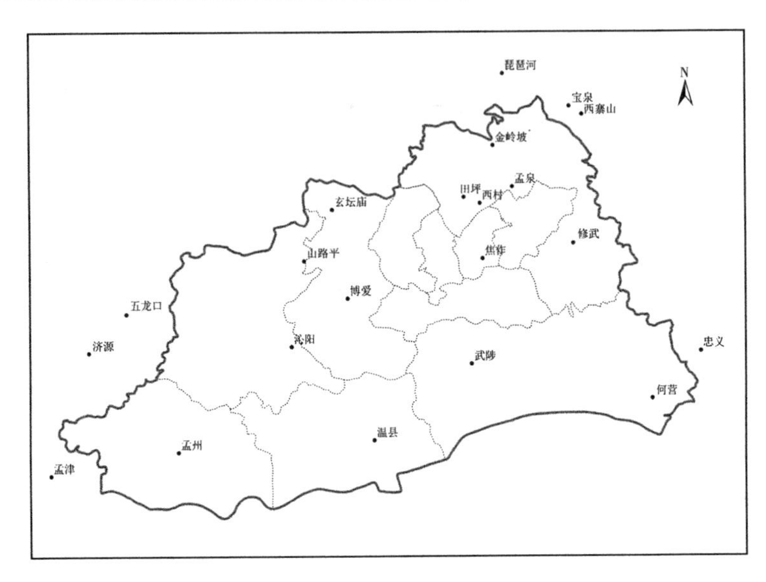

图 2-1　选用雨量站分布

2.1.2　系列代表性分析

系列的代表性指样本系列的统计特征能否很好地反映总体的统计特征，由于水文现象本身存在连续丰水、平水、枯水以及丰枯交替等周期性变化规律，选用的系列能否客观反映这种周期波动、丰枯交替的客观规律，直接影响着分析评价的精度。

选取具有 65 年（1952~2016 年）降水系列资料的焦作、修武、博爱、武陟、温县、孟州和沁阳 7 个长系列雨量代表站，分析 1956~2016 年同步期年降水量系列统计参数的稳定性以及丰平枯周期变化情况，综合评判系列的代表性。

2.1.2.1　统计参数的稳定性分析

以长系列末端 2016 年为起点，以年降水量逐年向前计算累积平均值和变差系数 C_v 值（用矩法进行计算），并进行综合比较分析。均值、C_v 值等参数均以最长系列的计算值为标准，从过程线上确定参数相对稳定所需的年数。长系列代表雨量站年降水量和变差系数 C_v 逆时序逐年累积平均过程线见图 2-2~图 2-5。

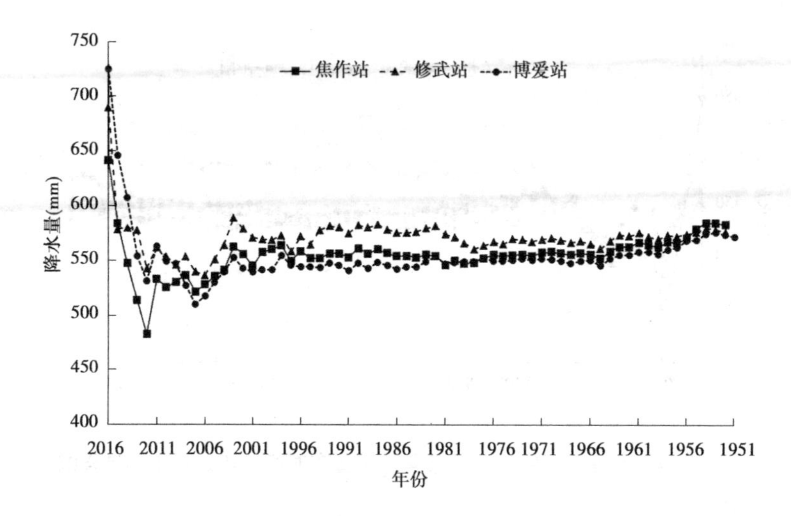

图 2-2　焦作、修武、博爱站年降水量逆时序逐年累积平均过程线

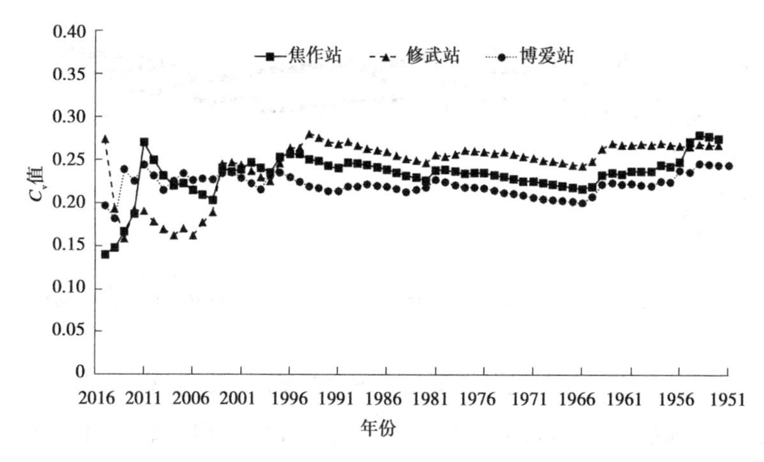

图 2-3　焦作、修武、博爱站 C_v 值逆时序逐年累积平均过程线

从图 2-2~图 2-5 可看出，各选用长系列代表雨量站降水量均值和 C_v 值逆时序逐年累积平均过程线在 1956 年前后均能达到稳定或相对稳定。

2.1.2.2　长短系列统计参数对比分析

计算 1956~2016 年、1956~1979 年、1971~2016 年和 1980~2016

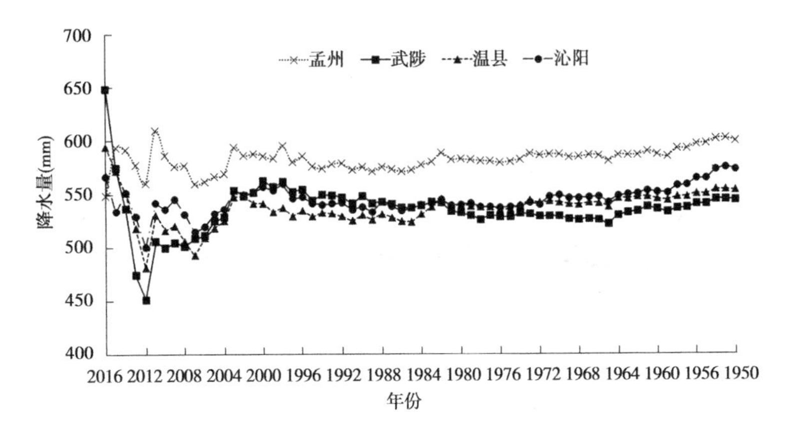

图 2-4　武陟、温县、孟州、沁阳站年降水量逆时序逐年累积平均过程线

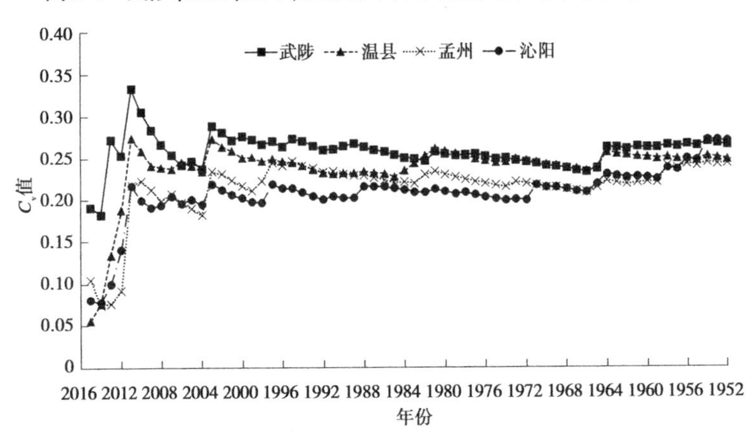

图 2-5　武陟、温县、孟州、沁阳站 C_v 值逆时序逐年累积平均过程线

年四个样本系列和 1952～2016 年长系列年降水量均值和 C_v 值，从长短系列统计参数的比较分析，评定不同长度系列的代表性。不同系列统计参数见表 2-1。可以看出，1956～2016 年系列，各代表站年降水量均值与长系列相差不大且均偏小，各站偏小 0.31%～2.16%；变差系数 C_v 除焦作站和沁阳站分别偏小 8.00%、6.32%外，其余各站与长系列基本一致。

表 2-1　代表站长短系列统计参数对比

站名	年数	系列	均值（mm）	相对误差（%）	C_v	相对误差（%）
焦作	65	1952~2016 年	583.2		0.27	
	61	1956~2016 年	570.6	-2.16	0.25	-8.00
	24	1956~1979 年	602.3	3.28	0.25	-9.88
	46	1971~2016 年	557.3	-4.44	0.24	-14.11
	37	1980~2016 年	550.0	-5.68	0.25	-8.00
修武	65	1952~2016 年	575.9		0.27	
	61	1956~2016 年	574.1	-0.31	0.27	-0.06
	24	1956~1979 年	578.2	0.40	0.29	8.14
	46	1971~2016 年	569.4	-1.12	0.26	-4.58
	37	1980~2016 年	571.4	-0.77	0.26	-4.37
博爱	66	1951~2016 年	571.8		0.24	
	61	1956~2016 年	568.0	-0.65	0.24	-2.15
	24	1956~1979 年	598.0	4.59	0.24	-1.12
	46	1971~2016 年	551.6	-3.52	0.21	-12.27
	37	1980~2016 年	548.6	-4.06	0.23	-4.42
武陟	65	1952~2016 年	544.6		0.27	
	61	1956~2016 年	540.9	-0.69	0.27	1.11
	24	1956~1979 年	553.6	1.64	0.28	6.58
	46	1971~2016 年	529.5	-2.77	0.25	-5.72
	37	1980~2016 年	532.7	-2.20	0.26	-1.81
温县	65	1952~2016 年	553.6		0.25	
	61	1956~2016 年	550.4	-0.57	0.25	0.37
	24	1956~1979 年	565.7	2.19	0.23	-6.81
	46	1971~2016 年	543.4	-1.84	0.25	0.42
	37	1980~2016 年	540.5	-2.36	0.26	6.61

续表 2-1

站名	年数	系列	均值（mm）	相对误差（%）	C_v	相对误差（%）
孟州	65	1952~2016 年	599.6		0.24	
	61	1956~2016 年	596.8	-0.46	0.24	0.28
	24	1956~1979 年	618.1	3.08	0.25	4.30
	46	1971~2016 年	587.5	-2.01	0.22	-8.65
	37	1980~2016 年	583.0	-2.76	0.24	-2.51
沁阳	65	1952~2016 年	573.1		0.27	
	61	1956~2016 年	564.6	-1.48	0.25	-6.32
	24	1956~1979 年	601.6	4.99	0.28	3.26
	46	1971~2016 年	547.9	-4.39	0.23	-15.75
	37	1980~2016 年	540.5	-5.68	0.22	-17.51

2.1.2.3 长短系列不同年型的频次分析

对不同样本系列进行适线，将适线后长系列的频率曲线代表总体分布，按年降水量频率小于 12.5%、12.5%~37.5%、37.5%~62.5%、62.5%~87.5%和大于 87.5%分别划分为丰水年、偏丰水年、平水年、偏枯水年和枯水年 5 种年型，统计各系列不同年型出现的频次，若某一短系列 5 种年型出现的频次接近于长系列的频次分布，则认为该短系列的代表性最好。

从表 2-2 中可以看出，5 种年型出现的频次，海河流域焦作、修武、博爱站均以 1956~2016 年系列与长系列最为一致，其次为 1971~2016 年系列，1956~1979 年和 1980~2016 年两个系列代表性较差；黄河流域各站也均以 1956~2016 年系列代表性最好，其中武陟站和沁阳站 1971~2016 年和 1980~2016 年两个系列代表性较差，温县站 1980~2016 年系列代表性较差。

表2-2 代表站长短系列丰、平、枯年型频次分析统计

站名	年数	系列	丰水年		偏丰水年		平水年		偏枯水年		枯水年	
			年数	频次(%)	年数	频次(%)	年数	频次(%)	年数	频次(%)	年数	频次(%)
焦作	65	1952~2016年	10	15.4	13	20.0	17	26.2	19	29.2	6	9.2
	61	1956~2016年	9	14.8	12	19.7	14	23.0	20	32.8	6	9.8
	24	1956~1979年	4	16.7	4	16.7	6	25.0	8	33.3	2	8.3
	46	1971~2016年	6	13.0	10	21.7	13	28.3	14	30.4	3	6.5
	37	1980~2016年	4	10.8	10	27.0	9	24.3	11	29.7	3	8.1
修武	65	1952~2016年	7	10.8	18	27.7	13	20.0	21	32.3	6	9.2
	61	1956~2016年	7	11.5	17	27.9	12	19.7	19	31.1	6	9.8
	24	1956~1979年	3	12.5	7	29.2	4	16.7	6	25.0	4	16.7
	46	1971~2016年	5	10.9	12	26.1	10	21.7	15	32.6	4	8.7
	37	1980~2016年	4	10.8	9	24.3	10	27.0	12	32.4	2	5.4
博爱	66	1951~2016年	5	7.6	18	27.3	20	30.3	15	22.7	8	12.1
	61	1956~2016年	4	6.6	18	29.5	18	29.5	14	23.0	7	11.5
	24	1956~1979年	3	12.5	5	20.8	9	37.5	6	25.0	1	4.2
	46	1971~2016年	6	13.0	11	23.9	13	28.3	11	23.9	5	10.9
	37	1980~2016年	5	13.5	9	24.3	10	27.0	9	24.3	4	10.8
武陟	65	1952~2016年	9	13.8	13	20.0	19	29.2	16	24.6	8	12.3
	61	1956~2016年	8	13.1	13	21.3	20	32.8	14	23.0	6	9.8
	24	1956~1979年	3	12.5	5	20.8	6	25.0	8	33.3	2	8.3
	46	1971~2016年	4	8.7	13	28.3	15	32.6	9	19.6	5	10.9
	37	1980~2016年	4	10.8	10	27.0	12	32.4	6	16.2	5	13.5
温县	65	1952~2016年	9	13.8	15	23.1	18	27.7	16	24.6	7	10.8
	61	1956~2016年	8	13.1	15	24.6	16	26.2	15	24.6	7	11.5
	24	1956~1979年	2	8.3	6	25.0	8	33.3	6	25.0	2	8.3
	46	1971~2016年	6	13.0	12	26.1	10	21.7	14	30.4	4	8.7
	37	1980~2016年	5	13.5	10	27.0	7	18.9	12	32.4	3	8.1

续表 2-2

站名	年数	系列	丰水年		偏丰水年		平水年		偏枯水年		枯水年	
			年数	频次(%)	年数	频次(%)	年数	频次(%)	年数	频次(%)	年数	频次(%)
孟州	65	1952~2016 年	9	13.8	13	20.0	22	33.8	14	21.5	7	10.8
	61	1956~2016 年	8	13.1	11	18.0	22	36.1	13	21.3	7	11.5
	24	1956~1979 年	4	16.7	3	12.5	9	37.5	6	25.0	2	8.3
	46	1971~2016 年	5	10.9	7	15.2	20	43.5	9	19.6	5	10.9
	37	1980~2016 年	4	10.8	6	16.2	16	43.2	7	18.9	4	10.8
沁阳	65	1952~2016 年	7	10.8	7	10.8	28	43.1	17	26.2	6	9.2
	61	1956~2016 年	7	11.5	7	11.5	27	44.3	14	23.0	6	9.8
	24	1956~1979 年	4	16.7	2	8.3	12	50.0	4	16.7	2	8.3
	46	1971~2016 年	4	8.7	9	19.6	20	43.5	8	17.4	5	10.9
	37	1980~2016 年	3	8.1	10	27.0	13	35.1	6	16.2	5	13.5

2.1.2.4　连丰、连枯水年统计分析

连丰分析一般采用偏丰水年和丰水年，$P_i > (\overline{P}_N + 0.33\sigma)$ 相应频率 $P<37.5\%$；连枯分析采用偏枯水年和枯水年，$P_i < (\overline{P}_N - 0.33\sigma)$ 相应频率 $P>62.5\%$。其中，$\overline{P}_N$ 为多年平均年降水量，P_i 为逐年年降水量，σ 为均方差。

按照上述标准判别偏丰水年和丰水年、偏枯水年和枯水年，选择持续时间 2 年或 2 年以上的连丰年和连枯年。从选用站年降水量连丰、连枯分析成果看，连丰年出现次数为 1~6 次，修武站连丰年出现次数最多为 6 次，武陟和沁阳站连丰年仅出现 1 次，连丰年持续时间一般为 2~4 年；连枯年出现次数在 4~8 次，修武站连枯年出现次数最多为 8 次，沁阳站连枯年出现次数最少为 4 次，连枯年持续时间为 2~4 年。

2.2 降水量时空分布特征

2.2.1 区域分布

降水量的大小与水汽输入量、天气系统的活动情况、地形及地理位置等因素有关,焦作市降水量的地区分布差异主要是由地形差异引起的。北部山区受地形抬升作用的影响,利于降水,而在南部平原区,缺少地形对气流的动力抬升作用,则不利于降水。根据选用雨量站资料,绘制焦作市多年平均(1956~2016年系列)年降水量等值线图,如图2-6所示。

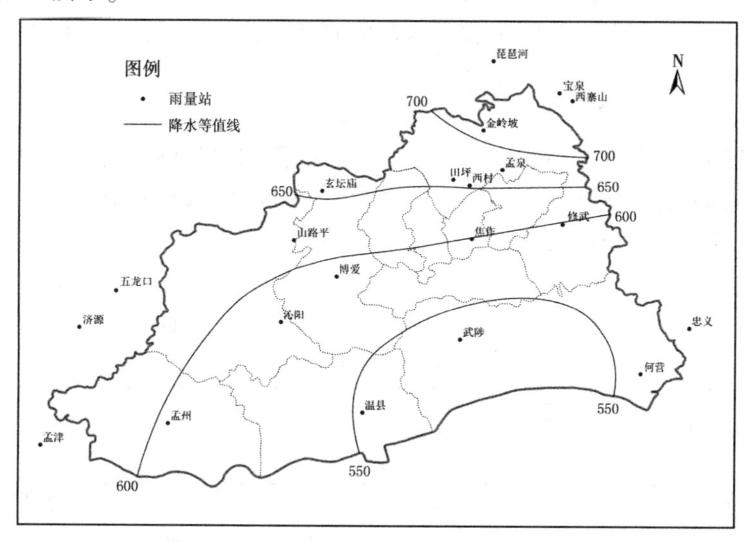

图2-6 焦作市多年平均降水量等值线图

从图2-6中可以看出,焦作市年降水量的区域分布很不均匀,总体上呈现山丘区大于平原区,北部大于南部,由南向北逐渐增加的特点。

北部山丘区为降水量高值区,受地形变化影响,降水量区域变化较为剧烈,幅度在600~750 mm。海河流域玄坛庙—西村一线以上年降水量大于650 mm,金岭坡—宝泉一线以上年均降水量大于700 mm,形成局部降水量高值区，其东北部边界处有海河流域的降水高值中心官山，也是海河流域的暴雨中心；黄河流域，山路平—五龙口以上年均降水量大于650 mm，西南部的蟒河山丘区年均降水量大于600 mm。

南部平原区为降水量低值区，降水量区域性变化比较平缓，幅度在540~590 mm。西南部靠近蟒河山丘区的孟州站多年平均年降水量在590 mm左右，形成区域内局部降水量相对高值区，温县—武陟一线以南的黄沁河平原区，干旱少雨，年均降水量在550 mm以下。

2.2.2　年际变化

受天气系统的多变性和季风气候的不稳定性影响，形成了焦作市降水年际之间变化剧烈的特点，主要表现为最大与最小年降水量的比值（极值比）较大、年降水量变差系数 C_v 较大和年际间丰枯变化频繁等特点。

年降水量变差系数 C_v 值的大小反映出降水量的多年变化情况，C_v 值越小，降水量年际变化越小；C_v 值越大，降水量年际变化越大，焦作市主要代表雨量站年降水量变差系数 C_v 一般为0.23~0.29。

焦作市主要代表站年降水量的极值比一般为3.2~3.8，极值比最大的站点为武陟站，1964年降水量为984.7 mm，1981年降水仅257.0 mm，年降水量极值比达3.8。主要代表站降水量极值比情况见表2-3。

表2-3　代表雨量站年降水量极值比

雨量站	最大年		最小年		极值比
	降水量(mm)	出现年份	降水量(mm)	出现年份	
焦作	901.9	1964	261.5	1981	3.4
修武	953.9	1964	285.7	1997	3.3
博爱	931.2	1956	294.3	1965	3.2
武陟	984.7	1964	257.0	1981	3.8
温县	962.7	1964	281.5	1981	3.4
孟州	1 040.2	1958	295.5	1997	3.5
沁阳	939.0	1956	252.7	1965	3.7

从表2-3中还可看出,代表站降水量最大和最小年份出现时间的同步性比较好。降水量最大年份一般出现在1964年、1956年,最小年份一般出现在1981年、1997年、1965年,这说明焦作市区域之间降水量年际变化较为一致,这也从一个侧面反映焦作市全境出现严重洪涝和干旱灾害的可能性较大。

2.2.3 年内分配

焦作市降水量年内分配的特点表现为:汛期集中、季节分配不均和最大最小月悬殊等,它与水汽输送的季节变化有密切关系。主要代表站多年平均汛期降水量为357~407 mm,汛期4个月的降水量占全年的65%~71%。

降水量年内变化较大。夏季6~8月降水量最多,为286~343 mm,占全年降水量的52%~60%。春季3~5月降水量为95~111 mm,占全年降水量的17%~19%。秋季9~11月降水量为117~145 mm,占全年降水量的20%~25%。冬季12次至次年2月降水最少,降水量19~26 mm,占全年降水量的3%~5%。

年内各月份之间差别较大,最大月与最小月降水量悬殊。多年平均降水量以7月最多,降水量为125~157 mm,占全年的23%~27%,并且呈自南向北增加的趋势;最小月降水多出现在12月和1月,降水量一般为5~7 mm,占全年降水量的1%左右。

不同频率典型年降水量的年内分配特点类似于多年平均情况。其年内分配的不均匀程度与频率大小成反向变化,即丰水年分配不均匀程度大于枯水年,其原因是丰水年与枯水年判断方式主要取决于汛期雨量的多少。焦作市主要代表雨量站多年平均降水量年内分配情况见表2-4。

表 2-4 代表雨量站多年平均降水量年内分配

雨量站	年均降水量（mm）	汛期		3~5 月		6~8 月		9~11 月		12 月至次年 2 月		最大月		最小月		最大月比最小月
		降水量（mm）	占年降水量（%）	降水量（mm）	占年降水量（%）	降水量（mm）	占年降水量（%）	降水量（mm）	占年降水量（%）	降水量（mm）	占年降水量（%）	降水量（mm）	占年降水量（%）	降水量（mm）	占年降水量（%）	
焦作	571	391	69	96	17	325	57	125	22	24	4	150	26	6.5	1.1	23
修武	574	407	71	95	17	343	60	117	20	19	3	157	27	5.3	0.9	30
博爱	568	382	67	99	17	312	55	129	23	27	5	145	25	7.3	1.3	20
武陟	541	367	68	95	18	295	54	129	24	22	4	133	25	6.4	1.2	21
温县	550	357	65	104	19	286	52	135	25	25	5	125	23	7.0	1.3	18
孟州	597	392	66	111	19	315	53	145	24	26	4	144	24	7.3	1.2	20
沁阳	565	377	67	98	17	305	54	134	24	27	5	140	25	7.4	1.3	19

2.3 分区降水量

2.3.1 计算方法

分区降水量(面平均降水量)的计算方法较为常用的有算术平均值法、面积加权法、等值线图量算法和网格法。本次采用泰森多边形法,将水资源三级区套县级行政区作为最小计算单元,在单站降水量计算成果的基础上,采用泰森多边形法计算每个计算单元的面平均降水量,进而采用面积加权法计算水资源各级分区、县级行政区和全市的面平均降水量。

(1)水资源三级分区降水量计算公式如下:

$$\overline{P_j} = \sum_{i=1}^{n_j} P_{ij} \frac{f_{ij}}{F_j}$$

式中:$\overline{P_j}$ 为第 j 个水资源四级区降水量;F_j 为第 j 水资源四级区面积;P_{ij} 为第 j 四级区第 i 雨量站的降水量;f_{ij} 为第 j 四级区第 i 雨量站代表的面积;n_j 为第 j 四级区雨量站数。

(2)行政分区降水量计算公式如下:

$$\overline{P} = \sum_{i=1}^{n} P_i R_i$$

式中:$\overline{P}$ 为行政分区降水量;R_i 为水资源四级区权重;P_i 为水资源四级区降水量;n 为水资源四级区个数。

2.3.2 分区降水量成果

2.3.2.1 1956~2016 年系列

焦作市 1956~2016 年多年平均年降水量 582.3 mm,折合降水总量 23.7 亿 m^3。其中,黄河流域多年平均降水量 575.6 mm,海河流域多年平均降水量 589.8 mm。各行政区中,多年平均年降水量最大的是中站区 620.4 mm,最小的是温县 560.1 mm。平均降水总量最大的是武陟县 4.68 亿 m³,占全市降水总量的 19.7%;最小的是解放区 0.37 亿 m³,占全市降水总量的 1.6%。

2.3.2.2　1980~2016 **年系列**

焦作市 1980~2016 年多年平均年降水量 564.4 mm,折合降水总量 22.98 亿 m³。其中,黄河流域多年平均降水量 560.4 mm,海河流域多年平均降水量 568.8 mm。各行政区中,多年平均降水量最大的是中站区 597.7 mm,最小的是武陟县 547.1 mm。平均降水总量最大的是武陟县 4.56 亿 m³,占全市降水总量的 19.8%;最小的是解放区 0.36 亿 m³,占全市降水总量的 1.6%。

不同频率年降水量,根据系列均值、变差系数 C_v,采用 P-Ⅲ型曲线适线拟合。均值采用算术平均值,C_v 先用矩法计算,经适线后确定,$C_s/C_v=2.0\sim2.5$。适线时要按平水年、枯水年点据的趋势定线,特大值、特小值不做处理。焦作市各流域、行政分区多年平均降水量及特征值成果见表 2-5、表 2-6。

2.3.2.3　**不同系列降水量比较**

通过 1956~1979 年、1980~2016 年和 2001~2016 年 3 个系列与 1956~2016 年系列年均降水量比较,以反映不同系列降水丰枯变化情况。

焦作市 1956~1979 年系列年均降水量相比于 1956~2016 年系列偏多 4.7%,其中黄河流域偏多 4.1%,海河流域偏多 5.5%;1980~2016 年系列与 1956~2016 年系列相比,全市年均降水量偏少 3.1%,黄河流域偏少 2.6%,海河流域偏少 3.6%;2001~2016 年系列与 1956~2016 年系列相比,全市年均降水量偏少 1.6%,黄河流域偏少 1.0%,海河流域偏少 2.2%。各行政区不同系列年均降水量比较情况与全市及流域基本一致。

总体来看,1956~1979 年系列年均降水量最丰,1980~2016 年系列最枯,这与 20 世纪八九十年代降水量总体偏枯有关。从长系列时间范围来看,降水总的趋势仍是减少。焦作市不同系列年均降水量比较情况见表 2-7。

表 2-5 焦作市流域分区多年平均降水量及特征值成果

流域	三级分区	计算面积(km^2)	系列年限	年均降水量(mm)	C_v	C_s/C_v	不同频率年降水量(mm)			
							20%	50%	75%	95%
黄河流域	小浪底至花园口干流区	896	1956~2016年	577.4	0.24	2.5	688.2	563.7	478.0	375.2
			1980~2016年	561.6	0.24	2.0	670.7	550.8	465.8	359.7
	沁丹河区	1 254	1956~2016年	574.3	0.24	2.0	686.0	563.3	476.3	367.9
			1980~2016年	559.6	0.23	2.0	664.0	549.8	468.3	366.0
	小计	2 150	1956~2016年	575.6	0.24	2.0	687.5	564.6	477.4	368.7
			1980~2016年	560.4	0.24	2.0	669.4	549.7	464.8	359.0
海河流域	漳卫河山区	729	1956~2016年	630.3	0.26	2.5	760.6	612.8	512.3	393.9
			1980~2016年	598.8	0.24	2.5	713.8	584.7	495.7	389.1
	漳卫河平原	1 192	1956~2016年	565.1	0.25	2.0	679.3	553.4	464.5	354.4
			1980~2016年	550.5	0.23	2.0	653.3	540.8	460.7	360.1
	小计	1 921	1956~2016年	589.8	0.25	2.0	709.0	577.6	484.8	370.0
			1980~2016年	568.8	0.23	2.0	675.0	558.9	476.0	372.1
焦作市		4 071	1956~2016年	582.3	0.23	2.0	691.0	572.1	487.3	380.9
			1980~2016年	564.4	0.23	2.0	669.8	554.5	472.3	369.1

表 2-6　焦作市行政分区多年平均降水量及特征值成果

行政分区	计算面积（km^2）	系列年限	年均降水量（mm）	C_v	C_s/C_v	不同频率年降水量（mm）			
						20%	50%	75%	95%
解放区	62	1956～2016年	601.1	0.26	2.0	727.2	587.6	489.7	369.1
		1980～2016年	578.4	0.25	2.0	695.3	566.4	475.5	362.8
山阳区	65	1956～2016年	600.5	0.26	2.0	726.4	548.8	489.1	368.7
		1980～2016年	574.8	0.25	2.0	691.0	562.9	472.5	360.5
中站区	124	1956～2016年	620.4	0.24	2.0	741.0	608.6	514.6	397.4
		1980～2016年	597.7	0.23	2.0	709.3	587.2	500.1	390.9
马村区	118	1956～2016年	618	0.24	2.5	736.5	603.2	511.5	401.8
		1980～2016年	595.5	0.23	2.0	706.6	585.0	498.3	389.5
城乡一体化示范区	173	1956～2016年	576.5	0.26	2.5	695.6	560.3	468.5	360.5
		1980～2016年	557.4	0.26	2.0	674.3	544.9	454.0	342.3
修武县	633	1956～2016年	612.1	0.25	2.5	734.1	596.4	502.1	390.1
		1980～2016年	588.2	0.24	2.0	698.0	577.9	492.2	384.7

续表 2-6

行政分区	计算面积(km^2)	系列年限	年均降水量(mm)	C_v	C_s/C_v	不同频率年降水量(mm)			
						20%	50%	75%	95%
博爱县	435	1956~2016年	585.4	0.24	2.0	699.2	574.2	485.6	375.0
		1980~2016年	565.5	0.23	2.0	671.1	555.6	473.2	369.9
武陟县	833	1956~2016年	561.9	0.27	2.5	682.1	544.8	452.5	344.9
		1980~2016年	547.1	0.26	2.0	661.8	534.8	445.6	335.9
温县	462	1956~2016年	560.1	0.26	3.0	674.0	541.4	454.5	356.9
		1980~2016年	550.3	0.28	2.0	674.0	535.9	440.0	323.6
孟州市	542	1956~2016年	581.0	0.25	2.5	696.9	566.1	476.7	370.3
		1980~2016年	565.7	0.25	2.0	684.4	553.0	460.8	347.4
沁阳市	624	1956~2016年	578.1	0.24	2.0	690.5	567.0	479.5	370.3
		1980~2016年	558.7	0.23	2.0	663.0	548.9	467.5	365.4
焦作市	4 071	1956~2016年	582.3	0.23	2.0	691.0	572.1	487.3	380.9
		1980~2016年	564.4	0.23	2.0	669.8	554.5	472.3	369.1

表 2-7　焦作市不同系列年均降水量比较

流域/行政区	1956~2016 年系列	1956~1979 年系列		1980~2016 年系列		2001~2016 年系列	
	年均值（mm）	年均值（mm）	增减幅度（%）	年均值（mm）	增减幅度（%）	年均值（mm）	增减幅度（%）
黄河流域	575.6	599.0	4.1	560.4	−2.6	569.7	−1.0
海河流域	589.8	622.1	5.5	568.8	−3.6	576.6	−2.2
解放区	601.1	636.1	5.8	578.4	−3.8	572.4	−4.8
山阳区	600.5	640.1	6.6	574.8	−4.3	585.1	−2.6
中站区	620.4	655.4	5.6	597.7	−3.7	591.6	−4.6
马村区	618.0	652.6	5.6	595.5	−3.6	606.4	−1.9
城乡一体化示范区	576.5	605.9	5.1	557.4	−3.3	583.0	1.1
修武县	612.1	648.8	6.0	588.2	−3.9	592.8	−3.2
博爱县	585.4	616.1	5.2	565.5	3.4	561.3	−4.1
武陟县	561.9	584.8	4.1	547.1	−2.6	566.7	0.9
温县	560.1	575.3	2.7	550.3	−1.8	552.1	−1.4
孟州市	581.0	604.6	4.1	565.7	−2.6	572.8	−1.4
沁阳市	578.1	608.0	5.2	558.7	−3.4	570.6	−1.3
焦作市	582.3	609.9	4.7	564.4	−3.1	572.9	−1.6

2.3.2.4　不同年代降水量变化

不同年代年均降水量，可以反映不同区域降水量的年代变化情况。焦作市 20 世纪 50 年代降水量最丰，八九十年代最枯，70 年代最接近多年平均（1956~2016 年系列）情况。80 年代之前降水量呈明显减少趋势，五六十年代为丰水期，之后逐渐减少；80 年代之后，降水变化相比于 80 年代之前相对稳定，总体偏枯。2000 年至今，降水量相对于八九十年代有一定程度增加,但与多年平均比较仍偏小,总体上降水呈减少趋势。

各流域不同年代年均降水量变化情况与全市总体情况基本一致,黄河流域90年代降水量最枯,海河流域80年代降水量最枯。焦作市各流域及行政区不同年代降水量情况见表2-8。

表2-8 焦作市各流域及行政区不同年代年均降水量情况 (单位:mm)

流域/行政区	1956~1960年	1961~1970年	1971~1980年	1981~1990年	1991~2000年	2001~2010年	2011~2016年
黄河流域	637.6	597.0	579.7	570.5	533.6	569.7	569.7
海河流域	637.5	636.6	593.4	552.6	574.0	579.4	571.9
解放区	631.5	654.9	623.8	562.4	594.2	573.7	570.2
山阳区	657.6	649.9	626.2	536.0	585.9	590.1	576.6
中站区	676.0	672.0	628.7	590.6	608.7	582.9	606.2
马村区	629.9	674.0	636.8	571.4	602.1	604.4	609.9
城乡一体化示范区	611.7	621.6	581.2	513.1	562.0	599.8	555.0
修武县	624.6	674.2	625.4	574.7	598.6	594.8	589.5
博爱县	684.8	611.1	587.4	570.3	561.8	550.2	579.8
武陟县	616.8	601.4	541.3	524.2	545.7	585.1	536.0
温县	589.1	578.6	570.1	581.0	509.3	559.3	540.0
孟州市	656.7	590.9	589.9	586.1	532.5	558.4	596.9
沁阳市	664.2	596.1	589.6	567.8	527.8	564.4	581.0
焦作市	637.6	615.7	586.2	562.0	552.6	574.3	570.7

第3章　蒸　发

3.1　水面蒸发

天然条件下的蒸发是水循环中的重要环节之一,对水循环有着重要的影响。蒸发量的大小一般用蒸发能力来表示,蒸发能力是指充分供水条件下的陆面蒸发量,一般以自然水体的水面蒸发量作为一个地区蒸发能力的反映指标,可用 E-601 型蒸发器观测的水面蒸发量代替。

分析水面蒸发量,与分析当地降水形成的产流状况,以及水资源开发资源利用过程中的三水转化所产生的消耗量等息息相关。水面蒸发主要受气压、气温、地温、湿度、风力、辐射等气象因素的综合影响,不同纬度、不同地形条件下所产生的水面蒸发量有着显著的差异。一般而言,气温随高程的增加而降低,风速和日照随高程的增加而增大,综合影响结果是随高程的增加、蒸发能力相应减少;平原区的蒸发能力大于山丘区;水土流失严重、植被稀疏、干旱高温地区的蒸发能力大于植被良好、湿度较大的地区。

3.1.1　基本资料情况

焦作境内没有水文系统的蒸发站,周边地市济源、合河等蒸发站代表性相对较差,因此本次选用气象部门代表性较好、资料系列相对齐全的焦作、修武、博爱、武陟、温县、孟州和沁阳 7 个蒸发站作为代表站。选用蒸发站分布情况见图 3-1。

目前常用的观测器(皿)有 E-601 型蒸发器、80 cm 口径套盆式蒸发器(简称 Φ80 蒸发器)和 20 cm 口径小型蒸发器(简称 Φ20 蒸发器)三种型号。20 世纪 80 年代以前,水文系统的蒸发资料以 Φ80 蒸发器

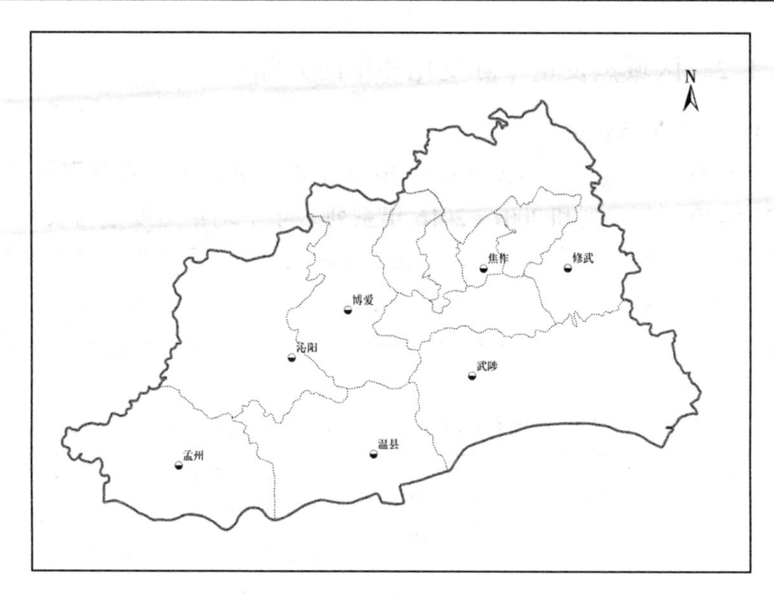

图 3-1　选用蒸发站分布

为主结合使用 Φ20 蒸发器,80 年代以后,逐步采用 E-601 型蒸发器结合 Φ20 蒸发器进行观测。气象部门主要采用 Φ20 cm 蒸发器进行观测,观测器(皿)的口径不同,观测的水面蒸发量也随之不同,需对其数据资料逐年、逐月统一换算成 E-601 型蒸发器的蒸发量。本次评价,2000 年以前折算系数采用第二次全国水资源调查评价成果,2000 以后采用气象部门推荐折算系数。焦作市各蒸发站均采用表 3-1 的折算系数进行换算。

表 3-1　选用蒸发站 Φ20 蒸发器与 E-601 型蒸发器折算系数

折算系数	1 月	2 月	3 月	4 月	5 月	6 月	7 月	8 月	9 月	10 月	11 月	12 月
2000 年以前	0. 60	0. 61	0. 56	0. 57	0. 56	0. 58	0. 60	0. 68	0. 76	0. 70	0. 71	0. 70
2000 年以后	0. 62	0. 60	0. 60	0. 58	0. 60	0. 57	0. 60	0. 65	0. 66	0. 66	0. 68	0. 67

3.1.2　区域蒸发量年际变化和年内分配

3.1.2.1　年际变化

根据7个蒸发代表站1965~2016年水面蒸发量长系列资料，以1980~2016年系列和2001~2016年系列多年平均年蒸发量与长系列进行对比分析。由表3-2可以看出，1980~2016年系列水面蒸发量均值普遍较1965~2016年均值偏小，而2001~2016年水面蒸发量均值又都比1980~2016年均值偏小，即1980年以后水面蒸发量总体上呈现下降趋势。

表3-2　代表站不同系列年均水面蒸发量对比　（单位：mm）

站名	所在流域	1965~2016年	1980~2016年	2001~2016年	1980~2016年比1965~2016年偏小比例(%)	2001~2016年比1980~2016年偏小比例(%)
焦作	海河流域	1 096.5	1 012.6	871.1	7.7	14.0
修武		1 133.3	1 078.1	989.8	4.9	8.2
博爱		1 031.4	1 012.4	1 008.6	1.8	0.4
武陟	黄河流域	1 076.7	991.0	950.4	8.0	4.1
温县		1 050.9	1 026.3	1 021.5	2.3	0.5
孟州		941.0	885.6	868.0	5.9	2.0
沁阳		1 004.0	943.0	889.8	6.1	5.6

图3-2是代表站1965~2016年逐年蒸发量过程线，可以看出，水面蒸发量呈逐渐减小趋势，20世纪六七十年代蒸发量较大，80年代以来蒸发量处于低值期。

3.1.2.2　年内分配

年内水面蒸发量受温度、湿度、风速和日照等气象因素年内变化的影响，不同纬度、不同地形条件下的水面蒸发年内分配也不一致。对焦作市来说，山丘区变化小，平原区变化大。

受湿度和温度变化的影响，焦作市年内最大水面蒸发量主要发生

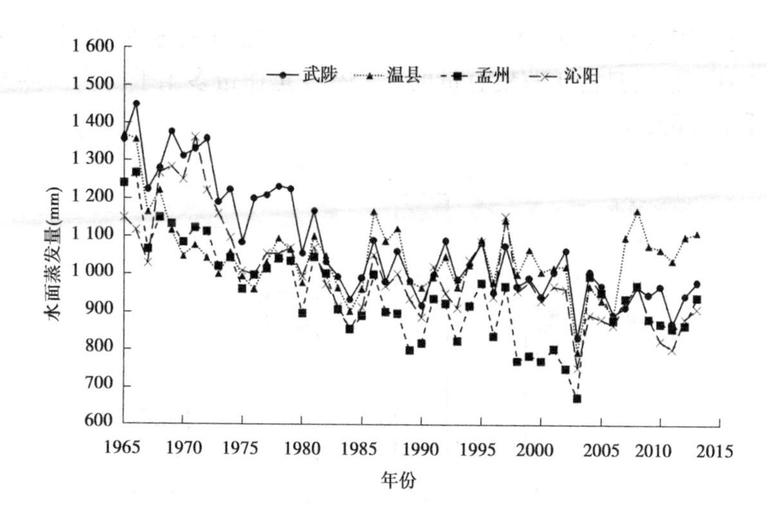

图3-2　代表站1965~2016年逐年蒸发量过程线

在5~8月,最大连续4个月的多年平均蒸发量一般占全年的46.3%~49.4%,在地区分布上较为稳定。最大月蒸发量一般出现在6月,最小月蒸发量出现在1月。焦作市多年平均水面蒸发量月分配见图3-3。

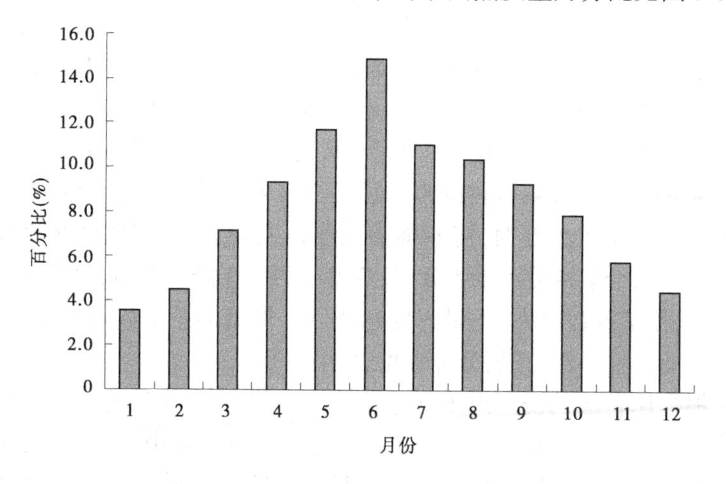

图3-3　焦作市多年平均水面蒸发量月分配

夏季(6~8月)蒸发量最大,占年蒸发总量的36.3%;春季(3~5

月)略大于秋季,占 28.2%;秋季(9~11 月)占 23.0%;冬季(12 月至次年 2 月)最小,只占年蒸发总量的 12.5%。焦作市多年平均水面蒸发量季节分配见图 3-4。

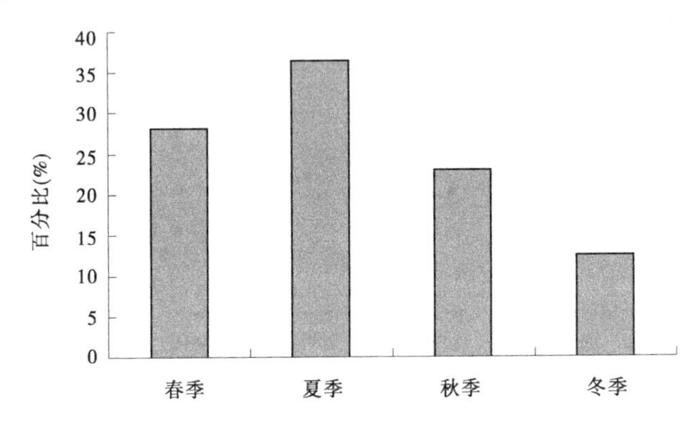

图 3-4 焦作市多年平均水面蒸发量季节分配

3.2 干旱指数

干旱指数是反映各地气候干燥程度的指标,在气候学上一般以各地年蒸发能力与年降水量之比表示。年蒸发能力与 E-601 型蒸发器测得的水面蒸发量存在着线性关系,所以多年平均干旱指数采用多年平均 E-601 型蒸发器测得的水面蒸发量与多年平均年降水量的比值。当干旱指数小于 1.0 时,降水能力大于蒸发能力,表明该地区气候湿润;反之,当干旱指数大于 1.0 时,蒸发能力大于降水能力,表明该地区偏干旱,干旱指数越大,干旱程度越严重。根据干旱指数的大小,可进行气候的干湿分带,其划分标准见表 3-3。

根据代表站 1965~2016 年系列多年平均蒸发量和同步期降水量计算焦作市不同区域多年平均干旱指数。从表 3-4 中可以看出,全市多年平均干旱指数为 1.83,属半湿润气候特征。不同区域干旱指数变幅不大,在 1.62~1.99,从地区分布来看,西部小于东部。

表3-3 气候分带划分等级

气候分带	干旱指数
十分湿润	<0.5
湿润	0.5~1.0
半湿润	1.0~3.0
半干旱	3.0~7.0
干旱	>7.0

表3-4 不同区域多年平均干旱指数

代表站	年均蒸发量(mm)	年均降水量(mm)	干旱指数
焦作	1 096.5	581.3	1.89
修武	1 133.3	618.1	1.83
博爱	1 031.4	571.7	1.80
武陟	1 076.7	541.4	1.99
温县	1 050.9	547.9	1.92
孟州	941.0	579.8	1.62
沁阳	1 004.0	571.5	1.76
全市	1 047.7	572.3	1.83

干旱指数的多年变化也可以用最大年与最小年干旱指数的比值来表征,见表3-5。焦作地区最干旱的年份是1965年,平均干旱指数为3.89,表现为半干旱气候特征;而全区最湿润的年份为2003年,平均干旱指数为0.93,表现为湿润气候特征,可见全区干旱指数年际间变化相当剧烈,跨越湿润到半干旱三个气候特征带的范围。

表 3-5　干旱指数极值及出现年份

代表站	多年平均干旱指数	最大干旱指数	出现年份	最小干旱指数	出现年份
焦作	1.89	3.69	1981	0.93	2003
修武	1.83	4.07	1997	0.95	2003
博爱	1.80	3.81	1997	1.10	2003
武陟	1.99	4.15	1965	0.98	2003
温县	1.92	3.79	1981	0.93	2003
孟州	1.62	3.66	1965	0.73	2003
沁阳	1.76	4.02	1997	0.92	2003
全市	1.83	3.89	1965	0.93	2003

第 4 章　地表水资源量

地表水资源量是指河流、湖泊、冰川等地表水体中由当地降水形成的,可以逐年更新的动态水量,用天然河川径流量表示。天然河川径流量还原计算是区域地表水资源量评价计算的基础工作,河川径流量还原计算的精度和可靠性直接影响区域地表水资源量评价成果的质量。

受日益频繁的人类活动影响,天然状态下的河川径流特征一般已经发生了显著变化,依据水文站实测径流资料计算天然河川径流量,必须在取用水量资料还原的基础上进行。本章通过对选用水文站实测径流资料的还原计算和天然径流系列一致性分析,以能够较好地反映近期下垫面条件的一致性河川天然年径流系列,作为评价区域地表水资源量的基本依据。在单站天然河川径流量还原计算的基础上,提出焦作市流域分区及各行政区 1956~2016 年和 1980~2016 年系列多年平均地表水资源量评价成果。河川径流量同步期系列长度与降水量系列一致。

4.1　水文代表站及资料情况

凡观测资料符合规范规定且观测资料系列较长的水文站,包括符合流量测验精度规范的国家级、省级基本水文站、专用水文站和委托站,均可作为水资源评价选用水文站,其中大江大河及其主要支流的控制站、流域三级区套地级行政区及中等河流代表站、水利工程节点站为必选站。

本次径流评价充分考虑焦作市境内及邻近区域主要河流控制节点及流域水文站网分布情况,选取山路平、五龙口、武陟、修武、济源、宝泉共 6 个基本水文站作为径流代表站,分别对五龙口—山路平—武陟区间、济源水文站、修武水文站和宝泉水文站 1956~2016 共 61 年系列实测径流进行逐年分月还原计算,得出历年逐月天然径流量系列。水文站代表站基本情况见表 4-1,水文站代表站分布情况见图 4-1。

表 4-1　水文代表站基本情况

地市	水文站代表站	流域面积（km^2）	位置信息				
			流域	水系	河名	东经	北纬
焦作	山路平	3 049	黄河	沁河	丹河	112°59′	35°14′
	武陟	12 880	黄河	沁河	沁河	113°16′	35°04′
济源	五龙口	9 245	黄河	沁河	沁河	112°41′	35°09′
	济源	480	黄河	黄河	蟒河	112°37′	35°05′
焦作	修武	1 287	海河	南运河	大沙河	113°27′	35°16′
新乡	宝泉	538	海河	南运河	峪河	113°26′	35°29′

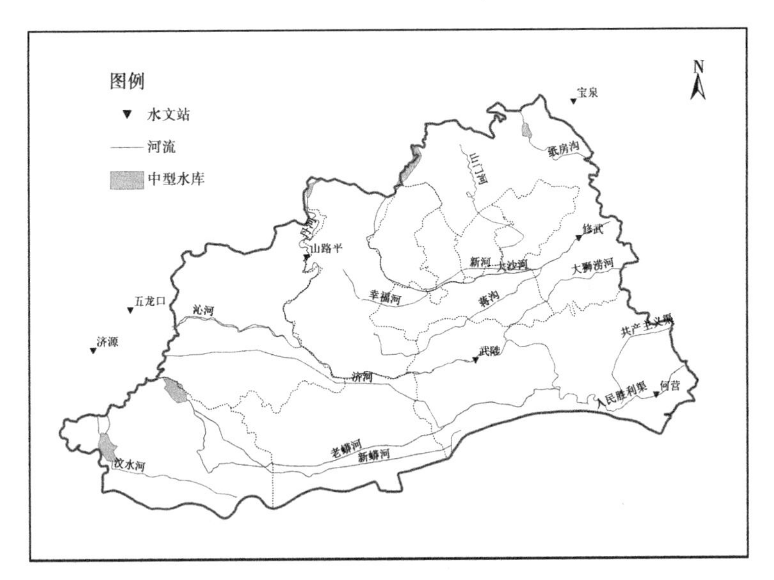

图 4-1　水文代表站分布

水文站代表站实测径流资料采用历年河南省水文年鉴刊印成果,对逐年、月径流资料进行整理、校核,并对部分缺测年、月径流资料进行了插补延长,插补延长时采用相关法、降雨径流关系法、面积比缩放法等多种方法,综合比较,合理选定。为了保证资料的全面系统性、质量可靠性和系列一致性,还收集了径流代表站断面以上流域取、用水情况,跨区域、流域调水,地下水开采及废污水排放等水资源开发利用的基础数据。

4.2 天然河川径流还原计算

水资源评价分析中采用的是天然河川径流。由于人类活动改变了流域下垫面的自然状态,通过兴建各种蓄、引、提等水利工程设施,或多或少地改变了河川径流的天然状态,使水文站实测径流不能代表天然状态下的径流,因此必须要将受人类活动影响的这部分径流量还原到实测径流中去,即对实测径流量考虑人类活动消耗、增加和调蓄的水量,尽可能详尽地进行还原,这样才能保证径流量的样本一致性。天然河川径流的还原计算应遵循以下要求:

(1)对水文代表站和主要河川径流控制站的实测径流进行分月还原计算,提出历年逐月的天然河川径流量。还原计算采用全面收集资料和典型调查相结合的方法,逐年逐月进行。

(2)还原计算分河系自上而下、按水文站控制断面分段进行,然后逐级累计成全流域的还原水量。对于还原后的天然年径流量,进行干支流、上下游和地区间的综合平衡分析,检查其合理性。

(3)对于资料缺乏地区,可按照用水的不同发展阶段选择丰、平、枯典型年,调查典型年用水耗损量及年内分配情况,推求其他年份的还原水量。

(4)在进行用水情况调查时,将地表水、地下水分开统计,只还原地表水利用的耗损量。还原的主要项目包括:农业灌溉、工业和生活用水的耗损量(含蒸发消耗和入渗损失),跨流域引入、引出水量,河道分洪决口水量,水库蓄水变量等。

(5)山丘区开采地下水对河川基流有明显影响,因开采消耗量已计入地下水资源量中,这是开采后水量的转化,故对河川径流而言不做开采消耗量的还原计算。

4.2.1　还原计算方法

4.2.1.1　单站逐项还原法

单站逐项还原法是在水文站实测径流量的基础上，采用逐项调查或测验方法补充收集流域内受人类活动影响水量的有关资料，然后进行分析还原计算，以求得能代表某一特定下垫面条件下的天然河川径流。其计算公式为

$$W_{天然}=W_{实测}+W_{农灌}+W_{工业}+W_{城镇生活}\pm W_{引水}\pm W_{分洪}\pm W_{库蓄}\pm W_{其他}$$

式中：$W_{天然}$为还原后的天然径流量；$W_{实测}$为水文站实测径流量；$W_{农灌}$为农业灌溉耗损量；$W_{工业}$为工业用水耗损量；$W_{城镇生活}$为城镇生活用水耗损量；$W_{引水}$为跨流域（或跨区间）引水量，引出为正，引入为负；$W_{分洪}$为河道分洪决口分量，分出为正，分入为负；$W_{库蓄}$为大中型水库蓄水变量，增加为正，减少为负；$W_{其他}$为矿坑排水以及地下水开采所产生的退水等。

1. 农业灌溉耗损量

农业灌溉耗损量是指农田、林果、草场引水灌溉过程中，因蒸发消耗和渗漏损失掉而不能回归到控制断面以上河道的水量。根据资料条件采用不同方法计算年还原量和年还原过程。

（1）当灌区内有年引水总量及灌溉回归系数资料时，采用以下公式计算农灌耗损量：

$$W_{农灌}=(1-\beta)mF \quad 或 \quad W_{农灌}=(1-\beta)W_{总}$$

式中：$W_{农灌}$为灌溉耗损量；β为灌区（包括渠系和田间）回归系数；m为灌溉毛定额；F为实灌面积；$W_{总}$为渠道引水总量。

（2）当灌区缺乏回归系数资料时，以灌溉净用水量近似地作为灌溉耗损量，即考虑田间回归水和渠系蒸发损失，两者能抵消一部分。

（3）当引水口在断面以上、退水口也在断面以上时，采用以下公式计算：

$$W_{净}=W_{引}-W_{退} \quad 或 \quad W_{农灌}=\alpha_{渠}(1-\beta)W_{引}$$

式中：$W_{净}$、$W_{农灌}$分别为水文站控制断面以上灌溉净用水量、耗损量；

$W_{引}$、$W_{退}$分别为水文站控制断面以上的引水、退水量；$\alpha_{渠}$分别为渠系水量利用系数；β为田间回归系数。

(4)当引水口在断面上，退水口一部分在断面以上、一部在断面以下时，还原水量采用以下公式计算：

$$W_{上还} = W_{上农} + \frac{A_{下}}{A}W_{引} \quad 和 \quad W_{下还} = W_{下农} - \frac{A_{下}}{A}W_{引}$$

式中：$W_{上还}$、$W_{下还}$分别为断面上、下游还原水量；$W_{上农}$、$W_{下农}$分别为断面上、下游农业耗损量；$A_{下}$、A分别为断面下游实灌面积、灌区总实灌面积。

2. 工业用水和城镇生活用水的耗损量

工业用水和城镇生活用水的耗损量包括用户消耗水量和输排水损失量，为取水量与入河废污水量之差。工业和城镇生活的耗损水量较小且年内变化不大，可按年计算还原水量，然后平均分配到各月。

(1)工业损水量：在城市供水量调查的基础上，分行业调查年取水量、用水重复利用率。根据各行业的产值，计算出万元产值用水量和相应行业的万元产值耗水率。

(2)居民生活损水量：城镇生活用水量通过自来水厂调查收集，其耗水量按下式进行计算：

$$W_{城镇生活} = \beta W_{用水}$$

式中：$W_{城镇生活}$为生活耗水量；β为生活耗水率；$W_{用水}$为生活用水量。

农村生活用水面广量小，对水文站实测径流量影响较小，可视具体情况确定是否进行还原。

3. 引入、引出量

耗损量只计算水文站断面以上自产径流利用部分，引入水量的耗损量不做统计。跨流域引水量一般根据实测流量资料逐年逐月进行统计，还原时引出水量全部作为正值，引入水量只将利用后的回归水量作为负值还原水量。跨区间引水量是指引水口在水文站断面以上、用水区在断面以下的情况，还原时将渠首引水量全部作为正值。

4. 河道分洪决口水量

河道分洪决口水量指河道分洪不能回归评价区域的水量，通常仅在个别丰水年份发生，可根据上、下游站和分洪口门的实测流量资料，蓄滞洪区水位、水位容积曲线及洪水调查等资料，采用用水量平衡法进行估算。

5. 水库蒸发和渗漏损失量

水库蒸发损失量属于产流下垫面的条件变化对河川径流的影响，宜与湖泊、洼淀等天然水面同样对待，不进行还原计算。水库渗漏量一般较小，根据焦作市现有水库渗漏情况，不对其进行还原计算。

6. 蓄水变量计算

蓄水变量采用水库水位—库容曲线进行估算。大型水库一般都有稳定的水位—库容关系曲线，可通过实测水位查得水库蓄变量；中小型水库有实测资料时，计算方法同大型水库，无实测资料时，可根据有实测资料的中小型水库，建立蓄变指标与时段降水量的关系，然后移到相似地区。

7. 其他项

根据区域内各河流水系具体情况计算不同的还原项，如沿河提灌量、补源灌溉水量、矿坑退水量等，上述还原项中未考虑的都在其他项中给予还原。

4.2.1.2　降水径流相关法

降水径流相关法是利用计算流域内降水系列资料和代表站天然径流计算成果，建立降水径流关系，或借用邻近河流下垫面条件相似的代表站降水径流关系，计算或插补延长缺资料及无资料流域的天然径流量。降水径流相关法适用于无实测径流资料及缺少调查水量资料的天然径流量计算或径流系列插补延长计算。对于受人类活动影响前后流域降雨关系有显著差异的地区，可以通过人类活动影响前后流域降雨径流关系的相关资料分析，研究流域受人类活动影响前后下垫面条件的变化对河川径流的影响程度。

4.2.1.3　水文模型法

对于缺少水文资料、区域水量调查资料或难以用逐项还原法计算的河流或代表站，也可以采用水文模型法进行河川径流量计算。湿润地区可采用新安江模型，干旱或半干旱地区可采用Tank模型或其他适用的水文模型。

4.2.2 天然径流还原计算

采用单站逐项还原法分别对五龙口—山路平—武陟区间、济源水文站、修武水文站和宝泉水文站进行天然河川径流还原计算。

4.2.2.1 五龙口—山路平—武陟区间

武陟水文站至五龙口水文站、山路平水文站区间流域面积583 km^2,此区间灌溉引水工程较多,主要有广利灌区总干渠、丹西灌区等,区间用水量较大。通过还原计算,该区间1956~2016年多年平均天然径流量0.601 9亿 m^3,折合径流深103.2 mm,径流系数0.18;1980~2016年多年平均天然径流量0.538 5亿 m^3,折合径流深92.4 mm,径流系数0.16。

4.2.2.2 济源水文站

济源水文站位于济源市赵礼庄,是蟒河上游重要控制站,其控制流域面积480 km^2,还原后1956~2016年多年平均天然径流量0.797 0亿 m^3,折合径流深166.0 mm,径流系数0.23;1980~2016年多年平均天然径流量0.718 7亿 m^3,折合径流深149.7 mm,径流系数0.22。

4.2.2.3 修武水文站

修武水文站位于修武县五里源乡大堤屯村,是大沙河(卫河)流出焦作市的出口控制站,其控制流域面积1 287 km^2。还原后1956~2016年多年平均天然径流量1.055 7亿 m^3,折合径流深82.0 mm,径流系数0.14;1980~2016年多年平均天然径流量0.916 9亿 m^3,折合径流深71.2 mm,径流系数0.12。

4.2.2.4 宝泉水文站

宝泉水文站位于辉县市薄壁镇,是峪河出山口的控制站,断面以上全部为深山峡谷,控制流域面积538 km^2,是进行海河流域山丘区产汇流计算的重要参考站。1956~2016年多年平均天然径流量1.018 2亿 m^3,折合径流深189.3 mm,径流系数0.24;1980~2016年多年平均天然径流量0.848 4亿 m^3,折合径流深157.7 m,径流系数0.21。

主要水文代表站天然河川径流还原计算成果见表4-2。

表 4-2　水文代表站径流还原计算成果

站名	系列年限	天然径流(亿 m^3)	径流深(mm)	径流系数
五龙口—山路平—武陟区间	1956~2016 年	0.601 9	103.2	0.18
	1980~2016 年	0.538 5	92.4	0.16
济源	1956~2016 年	0.797 0	166.0	0.23
	1980~2016 年	0.718 7	149.7	0.22
修武	1956~2016 年	1.055 7	82.0	0.14
	1980~2016 年	0.916 9	71.2	0.12
宝泉	1956~2016 年	1.018 2	189.3	0.24
	1980~2016 年	0.848 4	157.7	0.21

4.2.3　天然径流一致性分析

近年来,气候变化和人类活动影响的加剧,造成流域下垫面条件发生较大改变,导致流域入渗、蒸散发、径流等水文要素发生一定变化,从而引起产汇流过程发生变化,许多河流的径流呈现逐渐衰减的趋势。天然河川径流系列一致性分析旨在使河川径流还原计算成果能够反映近期流域下垫面变化情况和水资源及其开发利用的新情势、新变化。

天然河川径流一致性可以用降雨径流双累积曲线来检验天然河川径流系列一致性。所谓双累积曲线就是在直角坐标系中绘制同期两个变量连续累积值的关系线,它可用于水文气象要素一致性的检验、缺值的插补和资料校正,是检验两个参数间关系一致性及其变化的常用方法。通过点绘水文站控制范围内 1956~2016 年系列面平均降水量与天然河川径流量的双累积关系图,如果降水量与天然河川径流量关系有明显发生拐点的年份,则需对该拐点年份之前的系列进行修正;如果没有明显发生拐点的年份,可不进行修正。

图 4-2、图 4-3 为水文代表站降水径流双累积关系曲线。可以看出,降雨径流双累积关系没有明显发生拐点的年份,表明系列一致性较好。

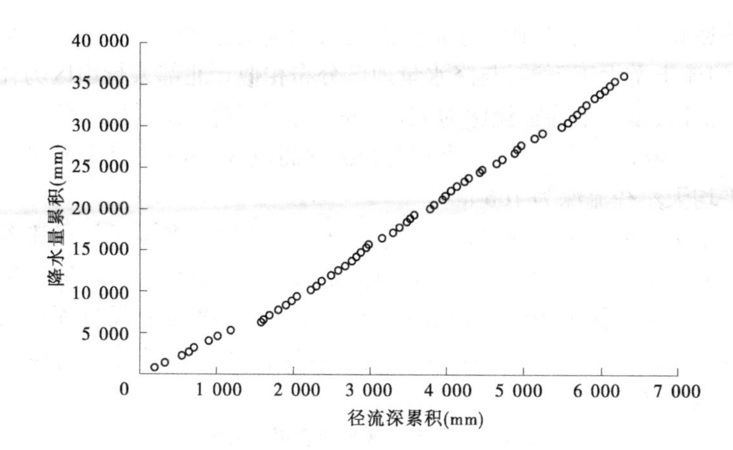

图 4-2 五龙口—山路平—武陟区间降水径流双累积关系曲线

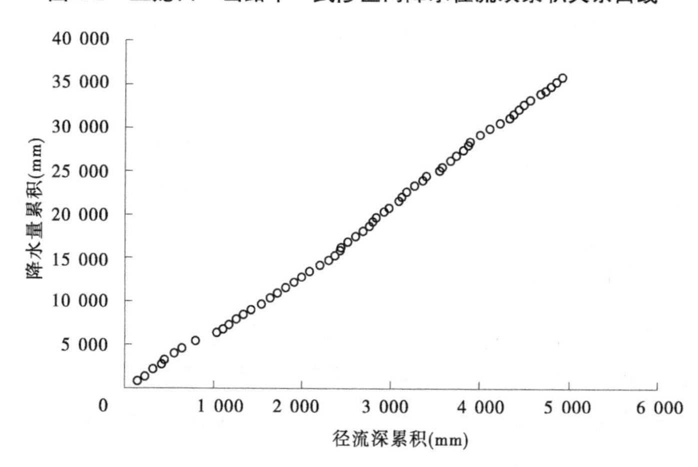

图 4-3 修武站降水径流双累积关系曲线

4.3 天然径流时空分布及演变趋势

4.3.1 区域分布

焦作市河川径流的地区分布与降雨量大小、降雨强度及地形变化影响密切相关,总体地区分布特点是自南向北递增,山丘区大于平原区,河流上游大于下游,与降水量地区分布相似。北部太行山区为径流深高值区,多年平均径流深为110~190 m;西部蟒河山丘区多年平均径流深在150 m以上,也是一个相对径流深高值区,其上游济源水文站多年平均天然径流深为166 m。

南部平原区为径流深低值区,其中卫河平原区多年平均径流深在80 mm以下,沁河平原区多年平均径流深为80~100 mm;蟒河平原区多年平均径流深为100~110 mm。水文上常以300 mm径流深作为多水区与过渡区的分界,见表4-3。由此判断焦作市属于多水与少水之间的过渡区。

表4-3　径流分区与径流深的关系

径流分区	径流深(mm)
丰水	>1 000
多水	300~1 000
过渡	50~300
少水	10~50
干涸	<10

4.3.2　年内分配

焦作市河川径流主要来自大气降水补给,受降雨年内分配的影响,径流呈现汛期集中,季节变化大,最大月、最小月径流量悬殊等特点,相比于降水的年内变化,径流稍微滞后,且普遍比降水量的集中程度更高。

焦作市主要河流汛期6~9月径流量占全年径流量的50%以上,多年平均连续最大4个月径流量一般出现在7~10月,多年平均最大月径流量普遍出现在8月,最小月径流量一般出现在2月,最大月径流量与最小月径流量的倍比为3~9。

4.3.3　年际变化

焦作市河川径流的年际变化,较降雨更为剧烈,主要表现在最大年径流量与最小年径流量倍比悬殊、年径流变差系数变化较大和年际丰枯变化频繁的特点。

主要水文控制站的最大年径流一般出现在1964年，最小年径流多出现在1981年。最大年径流与最小年径流悬殊，极值比为17~22。一般来说，径流越匮乏的平原区，其最大年径流极值比与最小年径流极值比往往越大，修武站多年平均径流深为82.0 mm，相对较小，其最大年径流极值比与最小年径流极值比达到22.1。

年径流变差系数C_v值在地区分布上变幅在0.45~0.65，五龙口—山路平—武陟区间年径流变差系数C_v达到0.65，这说明沁河年径流丰枯变化相对较为频繁，造成了其容易发生水旱灾害的特点。焦作市主要水文控制站年径流特征值详见表4-4。

表4-4　主要径流代表站年径流特征值及不同频率年径流量

水文控制站	最大年径流量		最小年径流量		极值比	C_v
	年径流量（亿m^3）	出现年份	年径流量（亿m^3）	出现年份		
五龙口—山路平—武陟	2.30	1964	0.136	1981	16.9	0.65
修武	3.140	1964	0.142	1981	22.1	0.45

4.3.4　演变趋势

图4-4、图4-5为水文代表站天然径流5年滑动平均过程线，从中可以看出，20世纪50年代中期至70年代末期，径流呈明显减少趋势；80年代以来，时段初和时段末径流基本一致，径流增减趋势不明显。其中黄河流域80年代中前期、90年代中后期和2007年前后为这一时段3个偏丰水期，90年代中前期和2010年以后为两个偏枯水期；海河流域90年代中后期和2007年前后为这一时段3个偏丰水期，80年代初期和2010年以后为两个偏枯水期。总体来看，长系列时间范围内天然径流的这种变化趋势与降雨基本一致，但径流受人类活动导致下垫

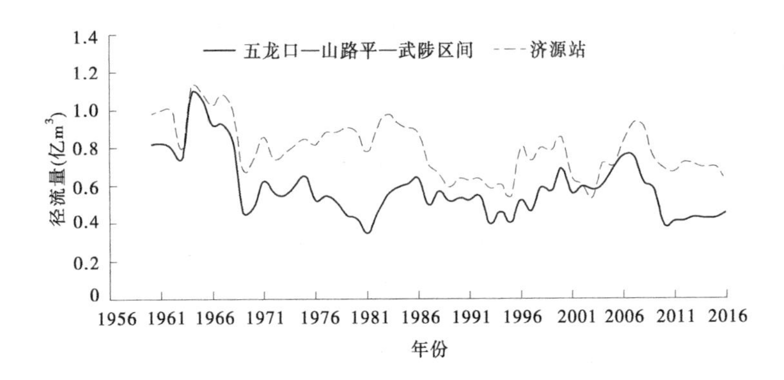

图 4-4　黄河流域水文代表站年天然径流 5 年滑动平均过程线

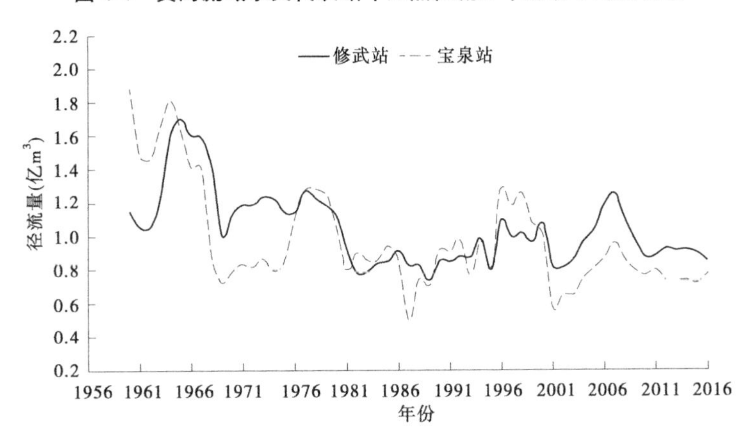

图 4-5　海河流域水文代表站年天然径流 5 年滑动平均过程线

面条件变化的影响,在短时间范围内,也会出现与降雨变化不太一致的情况。

4.4　分区地表水资源量

分区地表水资源量是在单站天然河川径流量还原计算基础上,利用水文比拟法计算流域三级区套县级行政区地表水资源量,最后按面积加权分别计算流域分区和行政区地表水资源量。焦作市黄河流域以济源站、五龙口—山路平—武陟区间站为径流代表站,海河流域以修武、宝泉为径流代表站。

4.4.1　计算方法

计算分区内有径流控制站时,当径流站控制区降水量与未控区降水量相差不大时,根据径流控制站天然河川径流量计算成果,按面积比折算为该分区的年径流量系列;当径流站控制区降水量与未控区降水量相差较大时,按面积比和降水量的权重折算分区年径流量系列。

$$W_{分区} = \sum W_{控} + W_{未控区间}$$

式中:$W_{分区}$、$W_{控}$、$W_{未控区间}$分别为计算分区、控制站、未控制区间(控制站以下至市界或河口)的水量。

对 $W_{未控区间}$的计算,因条件不同其计算方法有所差异,可分为以下几种形式:

(1)控制站水量系列的面积比缩放法。当分区内河流径流站(一个或几个)能控制该分区绝大部分集水面积,且测站上、下游降水、产流等条件相近时,可根据控制站以上的年径流深,计算未控制区间年径流量。

$$W_{未控区间} = \frac{\sum W_{控}}{\sum F_{控}} \times F_{未控区间}$$

式中:$F_{控}$、$F_{未控区间}$分别为控制站集水面积和未控制区间的面积。

(2)控制站降水总量比缩放法。当分区控制站上、下游降水量差异较大而产流条件相似时,借用控制站天然径流系数乘以未控制区间的年降水量和面积,求得未控制区间年径流量。

$$W_{未控区间} = \alpha_{控} \times P_{未控区间} \times F_{未控区间}$$

式中:$P_{未控区间}$为未控制区间面雨量;$\alpha_{控}$为控制站年径流系数。

(3)移用径流特征值法。当未控制区间与邻近流域的水文气候及自然地理条件相似时,直接移用邻近站的年径流深(或年径流系数)或降雨径流关系,根据区间降水量、区间面积推求区间的年径流系列,然后与控制站水量相加求得全区水量。

计算分区内没有径流站控制时,可利用自然地理特征相似地区降水径流关系,由降水系列推求径流系列,按照面积比并参考降水量比求得分区年径流量系列。

4.4.2　分区地表水资源量

4.4.2.1　1956~2016 年系列

焦作市 1956~2016 年多年平均地表水资源量 4.123 8 亿 m^3,折合径流深 101.3 mm。其中,黄河流域多年平均地表水资源量 2.384 0 亿 m^3,折合径流深 110.9 mm,占全市比例 57.8%;海河流域年均地表水资源量 1.739 7 亿 m^3,折合径流深 90.6 mm,占全市比例 42.2%。各行政区中,年均地表水资源量最大的是武陟县 0.736 3 亿 m^3,占全市地表水资源量的 17.9%,最小的是解放区 0.062 3 亿 m^3,占全市地表水资源量的 1.5%。从年径流深区域分布来看,除武陟县、博爱县和城乡一体化示范区外,其他行政区年径流深都在 100 mm 以上,呈现北部大于南部、山区大于平原、黄河流域大于海河流域的特点。

4.4.2.2　1980~2016 年系列

焦作市 1980~2016 年多年平均地表水资源量 3.679 0 亿 m^3,折合径流深 90.4 mm。其中,黄河流域多年平均地表水资源量 2.144 3 亿 m^3,折合径流深 99.7 mm;海河流域多年平均地表水资源量 1.534 7 亿 m^3,折合径流深 79.9 mm。各行政区年均地表水资源量相比于 1956~2016 年系列年均值都有不同程度的减少。从年径流深来看,除孟州市外,其他各行政区年径流深都在 100 mm 以下,年径流深的地区分布特点与 1956~2016 年系列基本一致。

不同频率地表水资源量,根据系列均值、变差系数 C_v,采用 P-Ⅲ型曲线适线拟合。均值采用算术平均值,C_v 先用矩法计算,经适线后确定,$C_s/C_v=2.0\sim2.5$。适线时要按平水年、枯水年点据的趋势定线,特大值、特小值不做处理。焦作市各流域和行政分区多年平均地表水资源量及其特征值成果见表 4-5、表 4-6。

表 4-5 焦作市流域分区多年平均地表水资源量及特征值成果

流域	三级分区	计算面积(km^2)	系列年限	年均地表水资源量(亿 m^3)	年均径流(mm)	C_v	C_s/C_v	不同频率地表水资源量(亿 m^3)			
								20%	50%	75%	95%
黄河流域	小浪底至花园口干流区	896	1956~2016 年	1. 115 1	124. 5	0. 48	2. 5	1. 507 3	1. 010 7	0. 721 6	0. 449 7
			1980~2016 年	1. 009 1	112. 6	0. 45	2. 0	1. 358 3	0. 941 8	0. 677 7	0. 394 7
	沁丹河区	1 254	1956~2016 年	1. 268 9	101. 2	0. 66	2. 5	1. 828 8	1. 050 9	0. 658 0	0. 366 7
			1980~2016 年	1. 135 3	90. 5	0. 63	2. 5	1. 621 7	0. 956 6	0. 612 0	0. 344 9
	小计	2 150	1956~2016 年	2. 384 0	110. 9	0. 54	2. 5	3. 287 4	2. 112 4	1. 455 1	0. 874 8
			1980~2016 年	2. 144 3	99. 7	0. 53	2. 5	2. 947 0	1. 910 6	1. 324 4	0. 797 7
海河流域	漳卫河山区	729	1956~2016 年	0. 874 7	120. 0	0. 5	2. 0	1. 206 0	0. 803 0	0. 554 4	0. 298 8
			1980~2016 年	0. 739 9	101. 5	0. 5	2. 0	1. 019 7	0. 678 6	0. 468 9	0. 254 1
	漳卫河平原	1 192	1956~2016 年	0. 865 0	72. 6	0. 47	2. 0	1. 175 9	0. 802 2	0. 567 9	0. 320 8
			1980~2016 年	0. 794 8	66. 7	0. 45	2. 0	1. 069 8	0. 741 8	0. 533 8	0. 310 9
	小计	1 921	1956~2016 年	1. 739 7	90. 6	0. 48	2. 0	2. 376 2	1. 608 1	1. 128 9	0. 627 9
			1980~2016 年	1. 534 7	79. 9	0. 44	2. 0	2. 055 5	1. 436 8	1. 042 3	0. 616 2
焦作市		4 071	1956~2016 年	4. 123 8	101. 3	0. 49	2. 5	5. 596 0	3. 720 1	2. 638 0	1. 634 0
			1980~2016 年	3. 679 0	90. 4	0. 48	2. 0	5. 025 0	3. 400 6	2. 387 4	1. 327 9

注:表中小计项小数点最后一位出现偏差是计算过程中四舍五入所致,不影响整体结果,故没有修改,下同。

表 4-6　焦作市行政分区多年平均地表水资源量及特征值成果

行政分区	计算面积（km^2）	系列年限	年均地表水资源量（亿 m^3）	年均径流深（mm）	C_v	C_s/C_v	不同频率年降水量（mm）			
							20%	50%	75%	95%
解放区	62	1956~2016 年	0.062 3	100.5	0.5	2.0	0.085 9	0.057 2	0.039 5	0.021 3
		1980~2016 年	0.053 9	87.0	0.48	2.0	0.073 7	0.049 9	0.035 0	0.019 5
山阳区	65	1956~2016 年	0.065 6	100.9	0.5	2.0	0.090 4	0.060 2	0.041 6	0.022 4
		1980~2016 年	0.056 0	86.2	0.49	2.0	0.076 9	0.051 6	0.035 9	0.019 7
中站区	124	1956~2016 年	0.132 8	107.1	0.5	2.0	0.183 2	0.121 9	0.084 2	0.045 4
		1980~2016 年	0.114 2	92.1	0.48	2.0	0.155 9	0.105 5	0.074 1	0.041 2
马村区	118	1956~2016 年	0.119 8	101.5	0.49	2.0	0.164 4	0.110 4	0.076 8	0.042 1
		1980~2016 年	0.104 2	88.3	0.47	2.0	0.141 7	0.096 7	0.068 4	0.038 7
城乡一体化示范区	173	1956~2016 年	0.145 4	84.1	0.45	2.0	0.195 8	0.135 7	0.097 7	0.056 9
		1980~2016 年	0.133 5	77.2	0.44	2.0	0.178 9	0.125 0	0.090 7	0.053 6
修武县	633	1956~2016 年	0.661 4	104.5	0.48	2.0	0.903 4	0.611 4	0.429 2	0.238 7
		1980~2016 年	0.573 3	90.6	0.48	2.0	0.783 0	0.529 9	0.372 0	0.206 9

续表 4-6

行政分区	计算面积(km^2)	系列年限	年均地表水资源量(亿 m^3)	年均径流深(mm)	C_v	C_s/C_v	不同频率年降水量(mm)			
							20%	50%	75%	95%
博爱县	435	1956~2016年	0. 407 1	93. 6	0. 5	2. 0	0. 561 3	0. 373 7	0. 258 0	0. 139 1
		1980~2016年	0. 363 9	83. 7	0. 49	2. 0	0. 499 4	0. 335 2	0. 233 4	0. 127 8
武陟县	833	1956~2016年	0. 736 3	88. 4	0. 54	2. 5	1. 019 8	0. 650 0	0. 444 0	0. 263 5
		1980~2016年	0. 664 7	79. 8	0. 5	2. 0	0. 916 5	0. 610 2	0. 421 3	0. 227 0
温县	462	1956~2016年	0. 468 9	101. 5	0. 57	2. 5	0. 656 4	0. 407 7	0. 272 6	0. 159 2
		1980~2016年	0. 427 2	92. 5	0. 55	2. 5	0. 593 7	0. 375 1	0. 254 5	0. 150 5
孟州市	542	1956~2016年	0. 655 6	121. 0	0. 48	2. 5	0. 886 2	0. 594 2	0. 424 3	0. 264 4
		1980~2016年	0. 593 1	109. 4	0. 47	2. 0	0. 806 2	0. 550 0	0. 389 3	0. 219 9
沁阳市	624	1956~2016年	0. 668 4	107. 1	0. 63	2. 5	0. 954 9	0. 563 2	0. 360 4	0. 203 1
		1980~2016年	0. 595 0	95. 4	0. 61	2. 5	0. 844 6	0. 506 9	0. 329 0	0. 187 2
焦作市	4 071	1956~2016年	4. 123 8	101. 3	0. 49	2. 5	5. 596 0	3. 720 1	2. 638 0	1. 634 0
		1980~2016年	3. 679 0	90. 4	0. 48	2. 0	5. 025 0	3. 400 6	2. 387 4	1. 327 9

4.4.3 地表水资源系列分析

4.4.3.1 不同系列比较

通过1956～1979年、1980～2016年和2001～2016年3个系列与1956～2016年系列年均地表水资源量比较,以反映不同系列天然径流丰枯变化情况。

焦作市1956～1979年年均地表水资源量相比于1956～2016年偏多16.6%,其中黄河流域偏多15.5%,海河流域偏多18.2%;1980～2016年系列与1956～2016年系列相比,全市年均地表水资源量偏少10.8%,其中黄河流域偏少10.1%,海河流域偏少11.8%;2001～2016年系列与1956～2016年系列相比,全市年均地表水资源量偏少12.0%,黄河流域偏少12.7%,海河流域偏少11.2%。各行政区不同系列年均降水量比较情况与全市及流域基本一致。焦作市不同系列年均地表水资源量比较情况见表4-7。

表4-7　焦作市不同系列年均地表水资源量比较

流域/行政区	1956～2016年系列	1956～1979年系列		1980～2016年系列		2001～2016年系列	
	年均值(亿 m^3)	年均值(亿 m^3)	增减幅度(%)	年均值(亿 m^3)	增减幅度(%)	年均值(亿 m^3)	增减幅度(%)
黄河流域	2.384 0	2.753 6	15.5	2.144 3	-10.1	2.082 4	-12.7
海河流域	1.739 7	2.055 9	18.2	1.534 7	-11.8	1.545 4	-11.2
解放区	0.062 3	0.075 2	20.7	0.053 9	-13.5	0.052 6	-15.6
山阳区	0.065 6	0.080 3	22.4	0.056 0	-14.6	0.056 2	-14.3
中站区	0.132 8	0.161 6	21.7	0.114 2	-14.0	0.110 4	-16.9
马村区	0.119 8	0.143 8	20.0	0.104 2	-13.0	0.104 5	-12.8
城乡一体化示范区	0.145 4	0.163 8	12.7	0.133 5	-8.2	0.141 5	-2.7

续表 4-7

流域/行政区	1956~2016年系列	1956~1979年系列		1980~2016年系列		2001~2016年系列	
	年均值（亿 m^3）	年均值（亿 m^3）	增减幅度（%）	年均值（亿 m^3）	增减幅度（%）	年均值（亿 m^3）	增减幅度（%）
修武县	0.661 4	0.797 3	20.5	0.573 3	-13.3	0.567 0	-14.3
博爱县	0.407 1	0.473 7	16.4	0.363 9	-10.6	0.356 6	-12.4
武陟县	0.736 3	0.846 8	15.0	0.664 7	-9.7	0.676 8	-8.1
温县	0.468 9	0.533 3	13.7	0.427 2	-8.9	0.409 1	-12.8
孟州市	0.655 6	0.752 1	14.7	0.593 1	-9.5	0.582 2	-11.2
沁阳市	0.668 4	0.781 7	17.0	0.595 0	-11.0	0.570 9	-14.6
焦作市	4.123 8	4.809 5	16.6	3.679 0	-10.8	3.627 8	-12.0

4.4.3.2　不同年代比较

从地表水资源量年代变化情况分析来看，20世纪50年代最丰，70年代最接近多年（1956~2016年系列）平均值情况，2011~2016年最枯，总体呈减少趋势。20世纪80年代以来，地表水资源量减少趋势相对平缓，尤其是海河流域，80年代之后各年代地表水资源量基本稳定，黄河流域这一时期地表水资源量减少程度相对更加明显。焦作市各流域及行政区不同年代地表水资源量情况见表4-8。

表4-8　焦作市不同年代降水量成果　（单位：亿 m^3）

流域/行政区	1956~1960年	1961~1970年	1971~1980年	1981~1990年	1991~2000年	2001~2010年	2011~2016年
黄河流域	3.167 6	2.962 9	2.251 1	2.298 9	2.114 0	2.163 6	1.947 1
海河流域	2.289 6	2.146 9	1.755 9	1.544 2	1.548 0	1.563 7	1.515 0
解放区	0.087 6	0.078 1	0.062 8	0.054 8	0.056 5	0.052 9	0.052 0
山阳区	0.099 3	0.081 5	0.065 9	0.054 6	0.058 4	0.056 9	0.055 1

续表 4-8

流域/行政区	1956～1960 年	1961～1970 年	1971～1980 年	1981～1990 年	1991～2000 年	2001～2010 年	2011～2016 年
中站区	0. 202 0	0. 166 1	0. 128 6	0. 118 4	0. 119 6	0. 108 9	0. 112 8
马村区	0. 161 2	0. 150 5	0. 121 0	0. 103 8	0. 107 6	0. 104 6	0. 104 2
城乡一体化示范区	0. 163 9	0. 172 8	0. 150 1	0. 126 5	0. 129 4	0. 148 5	0. 129 9
修武县	0. 887 1	0. 839 8	0. 666 9	0. 583 2	0. 593 8	0. 570 9	0. 560 6
博爱县	0. 549 5	0. 494 4	0. 400 5	0. 377 6	0. 365 5	0. 357 0	0. 355 9
武陟县	0. 912 2	0. 935 4	0. 691 3	0. 659 0	0. 666 9	0. 716 1	0. 611 4
温县	0. 590 9	0. 584 1	0. 441 7	0. 481 5	0. 403 1	0. 432 9	0. 369 6
孟州市	0. 868 8	0. 768 9	0. 657 1	0. 643 9	0. 563 7	0. 592 6	0. 564 8
沁阳市	0. 934 9	0. 838 1	0. 621 1	0. 639 8	0. 597 5	0. 586 0	0. 545 9
焦作市	5. 457 2	5. 109 8	4. 007 0	3. 843 1	3. 662 1	3. 727 2	3. 462 2

总体来看,焦作市地表水资源量呈减少趋势,尤其是 20 世纪 80 年代之后与之前相比,有较大幅度减少,降水量的减少是造成地表水资源量减少的主要原因,另外下垫面条件的改变也在一定程度上影响了地表水资源量的变化趋势。2000 年以后,尤其是 2011 年以来,降水量相对于 20 世纪八九十年代偏多,但地表水资源量却有一定程度减少,表明下垫面条件的改变对流域产汇流特性影响进一步加剧。

进入 21 世纪后,大规模水利工程的实施及水土保持、植树造林等人类活动提高了降水的可利用程度,导致入渗量、蒸散发量增加,从而减少了天然径流量。另外,农业耕种方式和种植结构的变化,在增加了作物产量的同时,也增加了区域蒸散发量,从而造成了天然径流量的减少。

4. 4. 4　成果合理性分析

4. 4. 4. 1　与降水量地区分布对比

天然径流主要由降雨形成,因此在地区分布上应与降水分布规律一致。焦作市多年平均天然年径流深总体呈现自南向北递增、山丘区大于平原区、河流上游大于下游的地区分布特征,与降水地区分布基本一致。

4.4.4.2 降水径流关系对比

绘制降水量—径流深相关图(见图4-6),通过相关关系检查点线配合程度及系列的一致性有无系统偏离现象。从图4-6可以看出,焦作市降水量与地表水资源量关系拟合程度较好,呈带状分布,没有系统偏差现象。

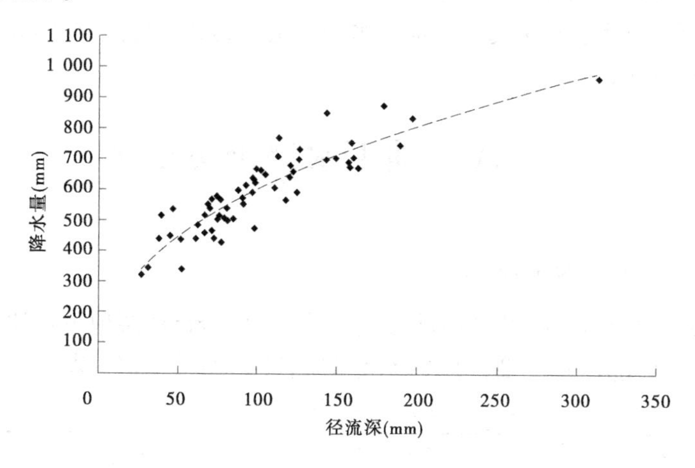

图4-6 焦作市降水量—径流深相关关系

第 5 章　地下水资源量

地下水是指赋存于地面以下饱水带岩土空隙中的重力水,浅层地下水是其中与大气降水和地表水体有直接水力联系、参与水循环且可以逐年更新的动态水量。本章节主要对焦作市近期(2001～2016 年)下垫面条件下多年平均浅层地下水资源量及其分布特征、补排关系进行全面评价。

5.1　浅层地下水评价类型区

5.1.1　评价类型区划分

结合焦作市地形地貌和水文地质条件,将全市浅层地下水评价类型区依次划分为Ⅰ～Ⅲ级区。各类型区名称及划分依据见表 5-1。

表 5-1　地下水类型名称及划分依据

Ⅰ级类型区		Ⅱ级类型区		Ⅲ级类型区	
划分依据	名称	划分依据	名称	划分依据	名称
区域地形地貌特征	平原区	次级地形地貌特征、含水层岩性及地下水类型	一般平原区	水文地质条件、包气带含水层岩性及地下水矿化度类型	计算单元
	山丘区		山区、山岗区		

Ⅰ级类型区划分为平原区和山丘区两类。海拔 50～100 m 以下称为平原区,平原区浅层地下水以第四系松散岩沉积物孔隙水为主;海拔

200 m 以上或相对高程 200 m 以上称为山区；海拔 200 m 以下，相对高程 100~200 m 称为丘陵区，山丘区是山区与丘陵区的总称。

Ⅱ级类型区是在Ⅰ级类型区的基础上，将平原区划分为一般平原区、内陆盆地平原区、山间平原区等类型区，焦作市平原区类型主要为一般平原区，包括山前倾斜平原区、冲积平原区及漏斗区；将山丘区划分为山区和山岗区。

在Ⅱ级类型区基础上划分的计算单元即为Ⅲ级类型区，它是计算各项资源量的基本计算分区。平原区Ⅲ级类型区的划分首先根据水文地质条件划分出若干水文地质单元，依据包气带岩性和矿化度特征把水文地质单元划分为若干Ⅲ级类型区，同一个Ⅲ级类型区具有基本相同的包气带岩性和矿化度；山丘区Ⅲ级类型区的划分是在Ⅱ级类型区的基础上，参照水文站网分布情况，将山丘区中水资源三级区切割地市行政区的区域作为Ⅲ级类型区。

5.1.2　计算面积

地下水资源量评价中，平原区计算面积采用平原区Ⅲ级类型区总面积扣除水面和公路、城镇和乡村建筑占地等其他不透水面积后的剩余面积，山丘区计算面积一般采用其总面积。根据调查统计，焦作市平原区计算面积为 2 353 km^2，山丘区计算面积为 1 167 km^2。根据焦作市近年来地下水水质监测成果，将平原区地下水统一按照矿化度 M 划分为：淡水区，$M \leq 2$ g/L；微咸水，$M > 2$ g/L。山丘区地下水矿化度变化不大，均为 $M \leq 1$ g/L 的淡水区。经量算，焦作市平原区淡水区计算面积为 2 228 km^2，微咸水区计算面积为 125 km^2。地下水评价计算面积见表 5-2。

表 5-2　地下水评价计算面积

流域/行政分区	总面积（km^2）	平原区计算面积（km^2）		山丘区计算面积（km^2）
		$M \leq 2$ g/L	$M > 2$ g/L	
小浪底至花园口干流区间	896	533		163
沁丹河区	1 254	696	93	275

续表 5-2

流域/行政分区	总面积 (km^2)	平原区计算面积(km^2)		山丘区计算面积(km^2)
		$M\leq2$ g/L	$M>2$ g/L	
漳卫河山丘	729			729
漳卫河平原区	1 192	999	32	
解放区	62	15		45
山阳区	65	11		53
中站区	124	13		109
马村区	118	36		77
城乡一体化示范区	173	133		
修武县	633	192	32	358
博爱县	435	224		171
武陟县	833	673		
温县	462	349	19	
孟州市	542	325		163
沁阳市	624	257	74	191
焦作市	4 071	2 228	125	1 167

5.2　水文地质参数

水文地质参数是浅层地下水各项补给量、排泄量以及地下水蓄变量计算的重要依据,其值准确与否直接影响评价成果的可靠性。为确保计算参数的准确,宜采用多种方法进行综合分析,选取符合区域近期下垫面条件下的参数值。

5.2.1　降水入渗补给系数 α 值

降水入渗补给系数是指降水入渗补给量与相应降水量的比值。它主要受包气带岩性、地下水埋深、降水量大小和强度、土壤前期含水量、微地形地貌、植被及地表建筑设施等因素的影响。降水入渗补给系数主要依据近期地下水位动态和降水量资料进行计算，绘制降水量—降水入渗补给系数—埋深关系曲线，并结合相关水文地质调查报告，综合确定。不同岩性的降水入渗补给系数 α 经验值见表5-3。

表5-3　平原区降水入渗系数 α 经验值

岩性	降水量(mm)	不同埋深降水入渗系数 α 值						
		0~1 m	1~2 m	2~3 m	3~4 m	4~5 m	5~6 m	>6 m
亚黏土	300~400	0~0.07	0.06~0.15	0.13~0.16	0.15~0.12	0.12~0.10	0.10~0.08	0.08~0.07
	400~500	0~0.09	0.08~0.15	0.14~0.16	0.16~0.13	0.13~0.11	0.12~0.09	0.10~0.08
	500~600	0~0.10	0.09~0.16	0.15~0.17	0.17~0.14	0.15~0.13	0.14~0.10	0.11~0.09
	600~700	0~0.12	0.11~0.18	0.17~0.20	0.20~0.17	0.18~0.15	0.16~0.12	0.12~0.10
	700~800	0~0.14	0.13~0.20	0.19~0.23	0.23~0.19	0.20~0.17	0.17~0.14	0.13~0.11
	800~900	0~0.15	0.14~0.21	0.20~0.25	0.25~0.21	0.22~0.18	0.18~0.15	0.14~0.13
	900~1 100	0~0.14	0.12~0.19	0.17~0.22	0.22~0.17	0.18~0.13	0.14~0.10	0.14~0.10
	1 100~13 00	0~0.13	0.11~0.18	0.16~0.20	0.20~0.16	0.16~0.12	0.13~0.09	0.13~0.09
亚砂土、亚黏土互层	300~400	0~0.09	0.09~0.15	0.15~0.17	0.17~0.12	0.13~0.10	0.11~0.08	0.09~0.07
	400~500	0~0.10	0.10~0.16	0.16~0.19	0.19~0.14	0.16~0.13	0.14~0.10	0.10~0.08
	500~600	0~0.12	0.11~0.18	0.17~0.21	0.21~0.16	0.18~0.15	0.16~0.12	0.12~0.09
	600~700	0~0.15	0.13~0.21	0.20~0.23	0.23~0.18	0.20~0.16	0.17~0.14	0.14~0.10
	700~800	0~0.16	0.14~0.23	0.22~0.25	0.25~0.21	0.22~0.17	0.18~0.15	0.15~0.12
	800~900	0~0.17	0.15~0.24	0.23~0.26	0.26~0.23	0.23~0.18	0.19~0.16	0.16~0.13
	1 000~1 500							
亚砂土	300~400	0~0.10	0.09~0.17	0.17~0.19	0.19~0.16	0.16~0.13	0.13~0.12	0.12~0.08
	400~500	0~0.12	0.10~0.19	0.18~0.21	0.21~0.17	0.17~0.14	0.15~0.12	0.13~0.09
	500~600	0~0.14	0.12~0.21	0.20~0.23	0.23~0.19	0.20~0.16	0.17~0.14	0.15~0.12
	600~700	0~0.16	0.15~0.22	0.21~0.25	0.25~0.22	0.23~0.19	0.19~0.16	0.17~0.14
	700~800	0~0.17	0.16~0.23	0.23~0.27	0.27~0.24	0.25~0.21	0.21~0.18	0.19~0.15
	800~900	0~0.17	0.15~0.25	0.24~0.28	0.28~0.26	0.27~0.23	0.23~0.19	0.20~0.16
	900~1 100	0~0.16	0.16~0.22	0.21~0.24	0.24~0.18	0.21~0.16	0.20~0.15	0.20~0.15
	1 100~1 300	0~0.15	0.14~0.20	0.16~0.23	0.22~0.16	0.20~0.14	0.19~0.14	0.19~0.14

续表 5-3

岩性	降水量(mm)	不同埋深降水入渗系数α值						
		0~1 m	1~2 m	2~3 m	3~4 m	4~5 m	5~6 m	>6 m
粉细砂	300~400	0~0.14	0.13~0.21	0.20~0.25	0.25~0.23	0.24~0.20	0.20~0.16	0.17~0.14
	400~500	0~0.15	0.14~0.24	0.23~0.27	0.27~0.24	0.25~0.21	0.22~0.18	0.19~0.15
	500~600	0~0.18	0.17~0.25	0.24~0.28	0.28~0.25	0.26~0.22	0.23~0.19	0.20~0.16
	600~700	0~0.18	0.18~0.27	0.26~0.32	0.32~0.26	0.27~0.23	0.24~0.20	0.21~0.17
	700~800	0~0.18	0.17~0.27	0.26~0.32	0.32~0.26	0.27~0.23	0.24~0.20	0.21~0.16
	800~900	0~0.17	0.16~0.27	0.26~0.31	0.31~0.26	0.27~0.23	0.24~0.20	0.21~0.16
	1 000~1 500							

5.2.2 给水度μ值

给水度μ是指饱和岩土在重力作用下自由排出水的体积与该饱和岩土体积的比值。它是浅层地下水资源评价中重要的参数。给水度大小主要与岩性、结构等因素有关。本次对于给水度μ值的确定采用了动态资料分析法、抽水试验多种方法来综合分析计算,并充分利用已有的参数分析成果和结合相邻地区的μ值进行综合分析对比,同时参照以往给水度试验资料和其他部门的成果,协调确定其合理的取用值,见表 5-4。

表 5-4 给水度μ取值

岩性	μ值
粉细砂	0.060
亚砂土	0.045
亚砂土+亚黏土	0.040
亚黏土	0.035

5.2.3 潜水蒸发系数C值

潜水蒸发系数是指计算时段内潜水蒸发量与相应时段的水面蒸发

量的比值。潜水蒸发量主要受水面蒸发量、包气带岩性、地下水埋深、植被状况等的影响。一般利用地下水位动态资料，通过潜水蒸发经验公式，分析计算不同岩性、有无作物的情况下的潜水蒸发系数值。其经验公式为

$$C = E/E_0$$

$$E = kE_0(1 - Z/Z_0)^n$$

式中：Z 为潜水埋深，m；Z_0 为极限埋深，m；n 为经验指数，一般为 1.0～3.0；k 为修正系数，无作物 k 取 0.9～1.0，有作物 k 取 1.0～1.3；E、E_0 分别为潜水蒸发量和水面蒸发量，mm。

包气带不同岩性潜水蒸发系数 C 值见表 5-5。

表 5-5　潜水蒸发系数 C 取值

岩性	有无作物	不同埋深 C 值			
		0.5 m	1.0 m	1.5 m	2.0 m
黏性土	无	0.10～0.35	0.05～0.20	0.02～0.09	0.01～0.05
	有	0.35～0.65	0.20～0.35	0.09～0.18	0.05～0.11
砂性土	无	0.40～0.50	0.20～0.40	0.10～0.20	0.03～0.15
	有	0.50～0.70	0.40～0.55	0.20～0.40	0.15～0.30
岩性	有无作物	不同埋深 C 值			
		2.5 m	3.0 m	3.5 m	4.0 m
黏性土	无	0.01～0.03	0.01～0.02	0.01～0.015	0.01
	有	0.03～0.05	0.02～0.04	0.015～0.03	0.01～0.03
砂性土	无	0.03～0.10	0.02～0.05	0.01～0.03	0.01～0.03
	有	0.10～0.20	0.05～0.10	0.03～0.07	0.01～0.03

5.2.4　灌溉入渗补给系数 β 和渠系渗漏补给系数 m

灌溉入渗补给系数 β 是指田间灌溉入渗补给量与进入田间的灌水量的比值，分为渠灌和井灌两种灌溉形式。参考历次试验、研究资料分

析平原区灌溉入渗补给系数 β 值,见表 5-6。

表 5-6　田间灌溉入渗补给系数 β 值取值

灌区类型	岩性	灌溉定额 [m^3/(亩·次)]	不同地下水埋深的 β 值				
			1~2 m	2~3 m	3~4 m	4~6 m	>6 m
井灌	黏性土	40~50	0.20	0.18	0.15	0.13	0.10
	砂性土	40~50	0.22	0.20	0.18	0.15	0.13
渠灌	黏性土	50~70	0.22	0.20	0.18	0.15	0.12
	砂性土	50~70	0.27	0.25	0.23	0.20	0.17

渠系渗漏补给系数 m 是指渠系渗漏补给量与渠首引水量的比值。它主要受渠道衬砌程度、渠道两岸包气带和含水层岩性特征、地下水埋深、包气带含水量、水面蒸发强度以及渠系水位和过水时间等影响。一般采用以下公式进行计算:

$$m = \gamma(1 - \eta)$$

式中:m 为渠系渗漏补给系数;η 为渠系有效利用系数;γ 为修正系数。

渠系渗漏补给系数 m 值取值见表 5-7。

表 5-7　渠系渗漏补给系数 m 值取值

灌区类型	η	γ	m
引黄灌区	0.55~0.65	0.35~0.45	0.15~0.20
其他一般灌区	0.45~0.55	0.35~0.45	0.13~0.18

5.2.5　渗透系数 K 值

渗透系数又称水力传导系数,表征岩土层的透水能力,用水力坡度为 1 时单位时间透过单位面积岩土介质的渗漏量表示。它的大小主要受岩土层的岩性及其特征、含水层岩性颗粒大小、级配和结构特征的影响。本次评价参考已有抽水试验成果,结合各种岩性的经验值综合确定渗透系数 K 值。平原区包气带不同岩性的渗透系数 K 经验值见表 5-8。

表 5-8　平原区渗透系数 K 取值

岩性	K	岩性	K
黏土	<0.1	中细砂	8~15
亚黏土	0.10~0.25	中粗砂	15~25
亚砂土	0.25~0.50	含砾中细砂	30
粉细砂	1.0~8.0	砂砾石	50~100
细砂	5.0~10.0	砂卵砾石	100~200

5.3　浅层地下水资源评价方法

5.3.1　平原区浅层地下水资源量评价方法

平原区浅层地下水资源量是指近期下垫面条件下，由降水、地表水体入渗补给及侧向补给地下含水层的动态水量，一般采用水均衡法原理进行评价计算，用公式表示为

$$Q_{总补} = Q_{总排} + \Delta W$$

$$Q_{总补} = Pr + Q_{地表水体} + Q_{山前} + Q_{井归}$$

$$Q_{总排} = Q_{开采} + Q_{河排} + Q_{蒸}$$

式中：$Q_{总补}$、$Q_{总排}$分别为多年平均地下水总补给量、总排泄量；ΔW 为地下水蓄变量（水位下降时为负值，上升时为正值）；Pr 为降水入渗补给量；$Q_{地表水体}$为地表水体补给量，包括河道渗漏补给量、渠系渗漏补给量、渠灌田间入渗补给量及人工回灌补给量等；$Q_{山前}$为山前侧向补给量；$Q_{井归}$为井灌回归补给量；$Q_{开采}$为浅层地下水开采量；$Q_{河排}$为河道排泄量；$Q_{蒸}$为蒸发排泄量。

平原区地下水资源量等于总补给量 $Q_{平原}$ 与井灌回归补给量之差，即

$$Q_{平原} = Q_{总补} - Q_{井归}$$

5.3.1.1　**各项补给量计算**

1. 降水入渗补给量

降水入渗补给量 Pr 指降水渗入到土壤中并在重力作用下渗透补给地下水的水量。按下式计算

$$Pr = 10^{-1}\alpha PF$$

式中:Pr 为降水入渗补给量;P 为年降水量;α 为降水入渗补给系数;F 为计算面积。

P 采用各计算单元逐年面平均降水量;α 值根据年均地下水埋深 Z 和年降水量 P,从相应包气带不同岩性平原区降水入渗系数 α 经验值成果表(见表 5-3)中查得。经计算,焦作市平原区 2001～2016 年多年平均年降水入渗补给量为 2.055 亿 m^3,其中淡水区(矿化度 $M\leqslant 2$ g/L)1.948 5 亿 m^3,微咸水区(矿化度 $M>2$ g/L)0.106 5 亿 m^3。

2. 山前侧向补给量

山前侧向补给量指发生在山丘区与平原区交界面上,山丘区浅层地下水以地下水潜流形式补给平原区浅层地下水的水量。采用达西公式计算:

$$Q_{山前} = 10^{-4}KILMT$$

式中:$Q_{山前}$ 为山前侧向补给量;K 为剖面位置的渗透系数;I 为垂直于剖面的水力坡度;L 为计算断面长度;M 为含水层厚度;T 为计算时间,采用 365 d。

K 根据含水层岩性查表 5-8 取值,水力坡度按 2001～2016 年长观井水位资料确定。经计算,焦作市平原区年均山前侧向补给量 0.709 亿 m^3, 其中黄河流域 0.307 亿 m^3,海河流域 0.402 亿 m^3。

3. 地表水体补给量

地表水体补给量指河道渗漏补给量、湖库渗漏补给量、渠系渗漏补给量及渠灌田间入渗补给量之和。

1)河道渗漏补给量

当河道内河水与地下水有水力联系,且河水水位高于岸边地下水位时,河水渗漏补给地下水。采用达西公式计算:

$$Q_{河补} = 10^{-4}KIALt$$

式中：$Q_{河补}$为单侧河道渗漏补给量；K为剖面位置的渗透系数；I为垂直于剖面的水力坡度；A为单位长度河道垂直于地下水流向的剖面面积；L为河段长度；T为河道或河段渗漏补给时间。

若河道或河段两岸水文地质条件类似，且都有渗漏补给，则以$Q_{河补}$的2倍为两岸的渗漏补给量。焦作市主要是黄河和沁河对两岸浅层地下水形成的河道渗漏补给。经计算，黄河多年平均年渗漏补给量0.247亿m^3，沁河多年平均河道渗漏补给量0.162 3亿m^3（见表5-9）。

表5-9　河道渗漏补给量　（单位：亿m^3）

流域三级区	河道渗漏补给量		合计渗漏补给量
	黄河渗漏量	沁河渗漏量	
小浪底至花园口干流区	0.247 0		0.247 0
沁丹河区		0.063 5	0.063 5
漳卫河平原		0.098 8	0.098 8
合计	0.247 0	0.162 3	0.409 3

2）湖库渗漏补给量

湖库渗漏补给量指湖库地表水体渗漏补给地下水，可采用补给系数法计算：

$$Q_{湖} = \beta Q_{引}$$

式中：$Q_{湖}$为湖库渗漏补给量；β为湖库入渗补给系数，一般取0.15～0.25；$Q_{引}$为湖、库引水量。

焦作市平原区没有大型水库和湖泊，故本次评价不考虑此项。

3）渠系、渠灌田间入渗补给量

渠系是指干、支、斗、农、毛各级渠道的统称。渠系水位一般均高于其岸边的地下水位，故渠系水一般均补给地下水。渠系渗漏补给量只计算到干渠、支渠两级。渠灌田间入渗补给量包括斗、农、毛三级渠道的渗漏补给量和渠灌水进入田间的入渗补给量两部分。渠系渗漏补给量和渠灌田间入渗补给量均采用补给系数法计算：

$$Q_{渠系} = mQ_{渠首引}$$

$$Q_{渠灌} = \beta_{渠} Q_{渠田}$$

式中：$Q_{渠系}$为渠系渗漏补给量；m为渠系渗漏补给系数；$Q_{渠首引}$为渠首引水量；$Q_{渠灌}$为渠灌田间入渗补给量；$\beta_{渠}$为渠灌田间入渗补给系数；$Q_{渠田}$为渠灌水进入斗渠渠首水量。

经计算，焦作市平原区多年平均渠系、渠灌田间渗漏补给量1.282 8亿 m³，其中淡水区1.210 1亿 m³，微咸水区0.072 7亿 m³。

根据以上各分项计算，焦作市平原区多年平均地表水体补给量1.692 1亿 m³，其中淡水区1.619 4亿 m³，微咸水区0.072 7亿 m³。

4. 井灌回归补给量

井灌回归补给量指井灌区浅层地下水进入田间后，入渗补给地下水的水量，可按下式计算：

$$Q_{井灌} = \beta_{井} Q_{农开}$$

式中：$Q_{井灌}$为井灌回归补给量；$\beta_{井}$为井灌回归补给系数；$Q_{农开}$为井灌开采量。

井灌开采量采用2001~2016年逐年调查统计数据，经计算，焦作市多年平均井灌回归补给量为0.655 7亿 m³。

5. 总补给量

根据上述各分项补给量计算结果，焦作市平原区多年平均地下水总补给量为5.111 8亿 m³，其中淡水区4.932 6亿 m³，微咸水区0.179 2亿 m³。全市流域分区各项补给量及总补给量成果见表5-10。

表5-10　焦作市平原区浅层地下水多年平均补给量成果

（单位：亿 m³）

流域三级区	矿化度分区	降水入渗补给量	地表水体补给量	山前侧渗量	井灌回归补给量	总补给量
小浪底至花园口干流区	$M\leq2$ g/L	0.439 1	0.441 1	0.024	0.118 7	1.022 9
	$M>2$ g/L					
	小计	0.439 1	0.441 1	0.024	0.118 7	1.022 9
沁丹河区	$M\leq2$ g/L	0.568 7	0.339 8	0.283	0.259 4	1.450 9
	$M>2$ g/L	0.076 0	0.045 4			0.121 4
	小计	0.644 7	0.385 2	0.283	0.259 4	1.572 3

续表 5-10

流域三级区	矿化度分区	降水入渗补给量	地表水体补给量	山前侧渗量	井灌回归补给量	总补给量
漳卫河平原	$M \leqslant 2$ g/L	0.940 7	0.838 5	0.402	0.277 6	2.458 9
	$M>2$ g/L	0.030 5	0.027 3			0.057 8
	小计	0.971 2	0.865 8	0.402	0.277 6	2.516 7
焦作市	$M \leqslant 2$ g/L	1.948 5	1.619 4	0.709	0.655 7	4.932 6
	$M>2$ g/L	0.106 6	0.072 7			0.179 2
	小计	2.055 1	1.692 1	0.709	0.655 7	5.111 8

5.3.1.2 排泄量计算

平原区浅层地下水排泄量包括浅层地下水开采量、潜水蒸发量、侧向流出量及河道排泄量。

1. 浅层地下水开采量

平原区浅层地下水实际开采量是通过调查统计各县级行政区2001~2016年逐年地下水开采量得出，再分配到各计算单元。

2. 侧向流出量

侧向流出量是指地下水以潜流形式流出计算分区的水量。一般采用地下水动力学法计算，计算方法同补给量中山前侧向补给量。

3. 河道排泄量

当河道内河水水位低于岸边地下水位时，河道排泄地下水，排泄的水量成为河道排泄量，其计算方法可参照河道渗漏补给量的计算。

4. 总排泄量

根据焦作市2001年以来地下水埋深动态资料，各评价分区地下水平均埋深均大于4 m，潜水蒸发量几乎为零，故可不考虑潜水蒸发量。全市平原区各类型区基本上系连续分布，计算区补给项中侧向流入量与排泄项中侧向流出量基本相等，且属于水资源量中的重复计算量，侧向流出量不予考虑。根据焦作市平原区河流实际情况，枯水季河水水位一般高于两岸地下水位,不产生河道排泄量。因此,本次评价平原区浅层地下水总排泄量即为浅层地下水实际开采量。

根据调查统计,全市平原区 2001~2016 年多年平均浅层地下水总排泄量(地下水实际开采量)5.270 5 亿 m^3。焦作市平原区浅层地下水总排泄量成果见表 5-11。

表 5-11　焦作市平原区浅层地下水多年平均排泄量成果

(单位:亿 m^3)

流域三级区	浅层地下水实际开采量	总排泄量
小浪底至花园口干流区	1.159 3	1.159 3
沁丹河区	1.757 2	1.757 2
漳卫河平原	2.354 0	2.354 0
焦作市	5.270 5	5.270 5

5.3.1.3　平原区浅层地下水均衡分析

浅层地下水均衡指平原区多年平均地下水总补给量、总排泄量、蓄变量三者之间的平衡关系,考虑计算误差后的水均衡公式为

$$Q_{总补} - Q_{总排} - \Delta W = X$$

$$\delta = (X/Q_{总补}) \times 100\%$$

式中:ΔW、X 分别为多年平均地下水总蓄变量、绝对均衡差;δ 为平均相对均衡差。

地下水蓄变量采用以下公式计算:

$$\Delta W = 10^{-2} \times (Z_1 - Z_2)\mu F/T$$

式中:ΔW 为多年平均地下水蓄变量;Z_1 为计算时段初地下水埋深;Z_2 为计算时段末地下水埋深;μ 为地下水变幅带给水度;T 为计算时段长;F 为计算面积。

通过计算分析,焦作市平原区相对均衡差为-1.4%。流域三级分区中,小浪底至花园口干流区、沁丹河区及漳卫河平原区相对均衡差分别为-11.6%、-12.3%和 9.6%,满足要求。均衡分析成果见表 5-12。

表5-12 焦作市平原区浅层地下水均衡分析 (单位:亿 m^3)

流域三级区	总补给量	总排泄量	蓄变量	绝对均衡差	相对均衡差(%)
小浪底至花园口干流区	1.022 9	1.159 3	-0.018 0	-0.118 4	-11.6
沁丹河区	1.572 3	1.757 2	0.007 8	-0.192 7	-12.3
漳卫河平原	2.516 7	2.354 0	-0.079 1	0.241 8	9.6
焦作市	5.111 9	5.270 5	-0.089 3	-0.069 3	-1.4

5.3.2 山丘区地下水资源量评价方法

山丘区的地下水资源,即山丘区的降水入渗补给量,一般采用排泄量法来计算。山丘区排泄量包括天然河川基流量、山前泉水溢出量、山前侧向流出量、地下水实际开采净耗量、潜水蒸发量和其他排泄量。其中,山前泉水溢出量指出露于山区与平原交界处附近,未计入河川径流量的泉水,因其数量不大,结合焦作市实际情况,未进行调查统计;山区潜水蒸发量指划入山丘区中的小型山间河谷平原的浅层地下水,因其数量不大,本次评价未予考虑。因此,山丘区的地下水资源采用以下公式计算:

$$Q_{山} = Q_{基流} + Q_{山前侧} + Q_{净耗}$$

式中:$Q_{山}$为山丘区地下水资源量;$Q_{基流}$为天然河川基流量;$Q_{山前侧}$为山前侧向流出量;$Q_{净耗}$为地下水实际开采净耗量。

5.3.2.1 天然河川基流量

天然河川基流量是指河川径流中由地下水渗透补给河水的部分,是山丘区最主要的排泄量,采用分割代表站逐日河川径流过程线的方法来计算。根据区域水文站网分布以及资料代表性情况,选用邻近区的济源、新村2个山区水文站进行分割径流过程线计算。

1.单站2001~2016年系列天然河川基流计算

对所选用水文站2001~2016年实测逐日河川径流过程线进行直线斜割计算,并将逐年各时段河川径流还原水量,按照基径比还原到河川基流量中相应时段，将年内各时段的河川基流量相加，即为该年的天然河川基流量。

在单站2001～2016年逐年天然河川基流量分割成果的基础上，建立该站河川径流量R与河川基流量Rg的关系曲线$R—Rg$，再根据该站1956～2016年系列河川径流量从$R—Rg$关系曲线查算历年的河川基流量。选用水文站基流分割成果及$R—Rg$关系曲线分别见表5-13和图5-1。

表5-13　选用水文站基流分割成果

基流分割站	集水面积（km^2）	分割年份	年均天然径流量（亿m^3）	年均天然基流量（亿m^3）	基径比	基流模数（万m^3/km^2）
新村	2 118	2001～2016	1.958 2	1.121 6	0.57	5.29
济源	480	2001～2016	0.706 2	0.360 3	0.51	7.51

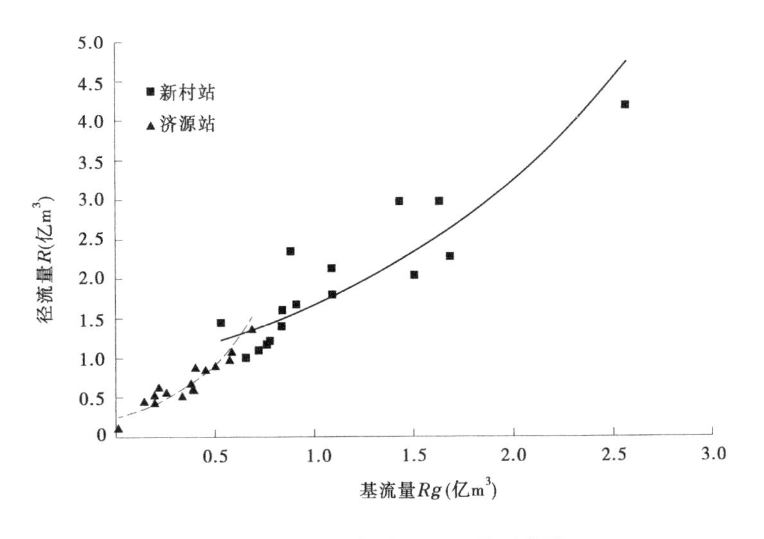

图5-1　基流分割站$R—Rg$关系曲线

2. 分区天然河川基流计算

分区天然河川基流量是在单站基流分割计算成果的基础上进行

的。选取地形地貌、水文气象、植被、水文地质条件相同或类似区域水文代表站,采用水文比拟法,按照以下公式计算分区1956~2016年逐年天然河川基流量。

$$Rg_{分区} = F_{分区} \cdot Rg_{水文站} / F_{水文站}$$

式中:$Rg_{分区}$为计算分区逐年天然河川径流量;$Rg_{水文站}$为选用水文站逐年天然河川径流量;$F_{分区}$为计算分区面积;$F_{水文站}$为选用水文站控制流域面积。

经计算,焦作市山丘区2001~2016年多年平均天然河川基流量为0.609 5亿 m^3,天然河川基流量计算成果表见5-14。

表5-14　焦作市山丘区基流量计算成果

流域三级区	计算面积(km^2)	2001~2016年多年平均基流量(亿 m^3)
小浪底至花园口干流区	163	0.047 1
沁丹河区	275	0.176 3
漳卫河山丘区	729	0.386 1
焦作市	1 167	0.609 5

5.3.2.2　山前侧向流出量

山前侧向流出量即为平原区山前侧向补给量,多年平均山前侧向流出量为0.709亿 m^3。

5.3.2.3　浅层地下水实际开采净耗量

地下水实际开采量扣除用水过程中回归补给地下水量,即为地下水开采净耗量。山丘区浅层地下水实际开采量通过各行政区调查统计得出,再分配到各计算区。经调查统计,焦作市山丘区多年平均地下水实际开采量为1.989 8亿 m^3,开采净耗量为0.983 8亿 m^3。

5.3.3　分区地下水资源量计算方法

计算分区多年平均浅层地下水资源量为分区内平原区和山丘区地下水资源量之和减去两者重复计算量,用公式表示为

$$Q_{分区} = Q_{平原} + Q_{山区} - Q_{重复}$$
$$Q_{重复} = Q_{山前侧} + Q_{基补}$$

式中:$Q_{分区}$为分区多年平均浅层地下水资源量;$Q_{平原}$为平原区多年平均浅层地下水资源量;$Q_{山区}$为山丘区多年平均地下水资源量;$Q_{重复}$为平原区和山丘区地下水重复计算量,包括山前侧向补给量和山丘区河川基流形成的平原区地表水体补给量;$Q_{山前侧}$为山前侧向补给量;$Q_{基补}$为山丘区河川基流形成的平原区地表水体补给量。

5.4　浅层地下水资源量及分布特征

5.4.1　平原区浅层地下水资源量

平原区浅层地下水资源量为总补给量与井灌回归补给量之差。根据平原区各项补给量的计算成果,焦作市平原区多年平均浅层地下水资源量4.456 2亿m^3,地下水资源模数18.9亿m^3/km^2。其中,淡水区(矿化度$M \leqslant 2$ g/L)地下水资源量4.276 9亿m^3。按补给项分类,降水入渗补给量2.055 1亿m^3,占比46.1%;地表水体补给量1.692 1亿m^3,占比38.0%;山前侧渗补给量0.709 0亿m^3,占比15.9%;焦作市平原区浅层地下水资源量成果见图5-2、表5-15。

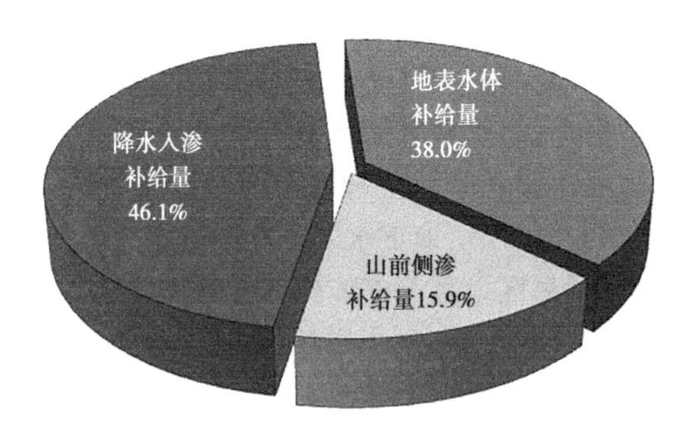

图5-2　焦作市平原区浅层地下水资源量构成

表5-15　焦作市平原区浅层地下水资源量成果

（单位：亿 m^3）

流域/行政分区	矿化度 $M \leq 2$ g/L				矿化度 $M>2$ g/L		分区合计			
	降水入渗补给量	地表水体补给量	山前侧渗补给量	地下水资源量	降水入渗补给量	地表水体补给量	降水入渗补给量	地表水体补给量	山前侧渗补给量	地下水资源量
小浪底至花园口干流区	0.439 1	0.441 1	0.024 0	0.904 2			0.439 1	0.441 1	0.024 0	0.904 2
沁丹河区	0.568 7	0.339 8	0.283 0	1.191 5	0.076 0	0.045 4	0.644 7	0.385 2	0.283 0	1.312 9
漳卫河平原	0.940 7	0.838 5	0.402 0	2.181 2	0.030 6	0.027 3	0.971 3	0.865 8	0.402 0	2.239 1
解放区	0.014 1	0.011 1	0.022 0	0.047 2			0.014 1	0.011 1	0.022 0	0.047 2
山阳区	0.009 9	0.007 8	0.030 0	0.047 7			0.009 9	0.007 8	0.030 0	0.047 7
中站区	0.012 4	0.009 8	0.030 0	0.052 2			0.012 4	0.009 8	0.030 0	0.052 2
马村区	0.034 0	0.026 7	0.040 0	0.100 7			0.034 0	0.026 7	0.040 0	0.100 7
城乡一体化示范区	0.124 0	0.098 3	0	0.222 3			0.124 0	0.098 3	0	0.222 3
修武县	0.180 7	0.142 1	0.200 0	0.522 8	0.030 6	0.027 3	0.211 3	0.169 4	0.200 0	0.580 7
博爱县	0.210 5	0.257 6	0.080 0	0.548 1			0.210 5	0.257 6	0.080 0	0.548 1
武陟县	0.558 5	0.357 2	0	0.915 7			0.558 5	0.357 2	0	0.915 7
温县	0.326 4	0.229 2	0	0.555 6	0.015 8	0.016 8	0.342 2	0.246 0	0	0.588 2
孟州市	0.267 4	0.145 2	0.024 0	0.436 6			0.267 4	0.145 2	0.024 0	0.436 6
沁阳市	0.210 6	0.334 4	0.283 0	0.828 0	0.060 2	0.028 6	0.270 8	0.363 0	0.283 0	0.916 8
焦作市	1.948 5	1.619 4	0.709 0	4.276 9	0.106 6	0.072 7	2.055 1	1.692 1	0.709 0	4.456 2

5.4.2　山丘区地下水资源量

山丘区地下水资源量为各项排泄量之和。根据山丘区排泄量计算成果，焦作市山丘区多年平均地下水资源量为 2.302 3 亿 m^3，地下水资源模数为 19.7 万 m^3/km^2。按排泄量分类，天然河川基流量 0.609 5 亿 m^3，占比 26.5%；山前侧向流出量 0.709 0 亿 m^3，占比 30.8%；开采净耗量为 0.983 8 亿 m^3，占比 42.7%。焦作市山丘区地下水资源量成果见表 5-16、图 5-3。

表 5-16　焦作市山丘区地下水资源量成果　（单位：亿 m^3）

流域/行政分区	天然基流量	山前侧向流出量	开采净耗量	地下水资源量
小浪底至花园口干流区	0.047 1	0.024 0	0.033 0	0.104 1
沁丹河区	0.176 3	0.283 0	0.099 1	0.558 4
漳卫河山丘区	0.386 1	0.402 0	0.851 7	1.639 8
解放区	0.023 8	0.022 0	0.052 7	0.098 5
山阳区	0.028 1	0.030 0	0.047 8	0.105 9
中站区	0.057 7	0.030 0	0.117 9	0.205 6
马村区	0.040 8	0.040 0	0.087 0	0.167 8
修武县	0.200 2	0.200 0	0.441 6	0.841 8
博爱县	0.095 9	0.080 0	0.138 5	0.314 4
孟州市	0.047 1	0.024 0	0.033 0	0.104 1
沁阳市	0.116 0	0.283 0	0.065 2	0.464 2
焦作市	0.609 5	0.709 0	0.983 8	2.302 3

5.4.3　分区地下水资源量

根据分区地下水资源量计算方法及平原区、山丘区地下水资源量

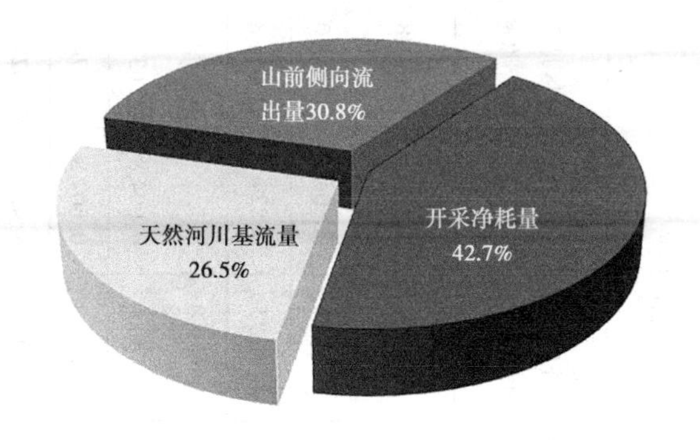

图 5-3　焦作市山丘区地下水资源量构成

计算结果,焦作市 2001~2016 年多年平均浅层地下水资源量(全矿化度)5.329 亿 m^3,其中平原区地下水资源量 4.456 3 亿 m^3,山丘区地下水资源量 2.302 3 亿 m^3,平原区和山丘区重复计算量 1.429 6 亿 m^3。按矿化度分,淡水区(矿化度 $M\leq2$ g/L)地下水资源量 5.149 8 亿 m^3,微咸水区(矿化度 $M>2$ g/L)地下水资源量 0.179 3 亿 m^3。各流域、行政分区地下水资源量计算成果见表 5-17、表 5-18。

5.4.4　地下水资源量分布特征

浅层地下水补给和排泄条件受水文气象、地形地貌、水文地质条件、植被、水利工程等多种因素的影响和制约,其区域分布情况一般可用地下水资源量模数来表示。为了反映焦作市不同地区地下水资源量的分布特征,按计算面积分别计算各分区地下水资源量模数,并绘制焦作市地下水资源量模数分区图(见图 5-4)。

焦作市北部太行山区由于岩溶发育程度高,含水层赋水条件好,并且年降水量较大,大气降水通过裸露的基岩和河谷构造发育地段直接渗入补给地下水,地下水资源量相对丰富,水资源量模数大于 20 m^3/km^2;沁河以南的孟州市、温县、武陟县等平原区,由于长期大量超采地下水,形成了大面积的地下水漏斗区。漏斗区由于地下水埋深大,降水补给较为困难,使漏斗区地下水资源模数比其他区要小,全市漏斗

表 5-17　焦作市流域分区浅层地下水资源量成果　　（单位：亿 m^3）

流域分区		矿化度 $M \leq 2$ g/L				矿化度 $M>2$ g/L	分区小计			
		平原区地下水资源量	山丘区地下水资源量	平原区与山丘区重复计算量	分区地下水资源量	平原区地下水资源量	平原区地下水资源量	山丘区地下水资源量	平原区与山丘区重复计算量	分区地下水资源量
黄河流域	小浪底至花园口干流区	0.904 2	0.104 1	0.316 5	0.691 8		0.904 2	0.104 1	0.316 5	0.691 8
	沁丹河区	1.191 5	0.558 4	0.508 3	1.241 7	0.121 4	1.312 9	0.558 4	0.508 3	1.363 0
	小计	2.095 7	0.662 5	0.824 8	1.933 5	0.121 4	2.217 1	0.662 5	0.824 8	2.054 8
海河流域	漳卫河山区		1.639 8		1.639 8			1.639 8		1.639 8
	漳卫河平原区	2.181 3		0.604 8	1.576 5	0.057 9	2.239 2	0	0.604 8	1.634 4
	小计	2.181 3	1.639 8	0.604 8	3.216 3	0.057 9	2.239 2	1.639 8	0.604 8	3.274 2
焦作市		4.277 0	2.302 3	1.429 6	5.149 8	0.179 3	4.456 3	2.302 3	1.429 6	5.329 0

表 5-18 焦作市行政分区浅层地下水资源量成果 （单位：亿 m^3）

行政分区	矿化度 $M \leq 2$ g/L				矿化度 $M>2$ g/L	分区小计			
	平原区地下水资源量	山丘区地下水资源量	平原区与山丘区重复计算量	分区地下水资源量	平原区地下水资源量	平原区地下水资源量	山丘区地下水资源量	平原区与山丘区重复计算量	分区地下水资源量
解放区	0.047 2	0.098 5	0.033 1	0.112 6		0.047 2	0.098 5	0.033 1	0.112 6
山阳区	0.047 7	0.105 9	0.037 8	0.115 8		0.047 7	0.105 9	0.037 8	0.115 8
中站区	0.052 2	0.205 6	0.039 8	0.218 0		0.052 2	0.205 6	0.039 8	0.218 0
马村区	0.100 7	0.167 8	0.066 7	0.201 8		0.100 7	0.167 8	0.066 7	0.201 8
城乡一体化示范区	0.222 3		0.078 0	0.144 3		0.222 3		0.078 0	0.144 3
修武县	0.522 8	0.841 8	0.289 0	1.075 6	0.057 9	0.580 7	0.841 8	0.289 0	1.133 5
博爱县	0.548 1	0.314 4	0.125 4	0.737 1		0.548 1	0.314 4	0.125 4	0.737 1
武陟县	0.915 7		0.160 2	0.755 5		0.915 7		0.160 2	0.755 5
温县	0.555 6		0.099 8	0.455 8	0.032 6	0.588 2		0.099 8	0.488 4
孟州市	0.436 6	0.104 1	0.112 1	0.428 6		0.436 6	0.104 1	0.112 1	0.428 6
沁阳市	0.828 0	0.464 2	0.387 6	0.904 6	0.088 8	0.916 8	0.464 2	0.387 6	0.993 4
焦作市	4.276 9	2.302 3	1.429 5	5.149 7	0.179 3	4.456 2	2.302 3	1.429 5	5.329 0

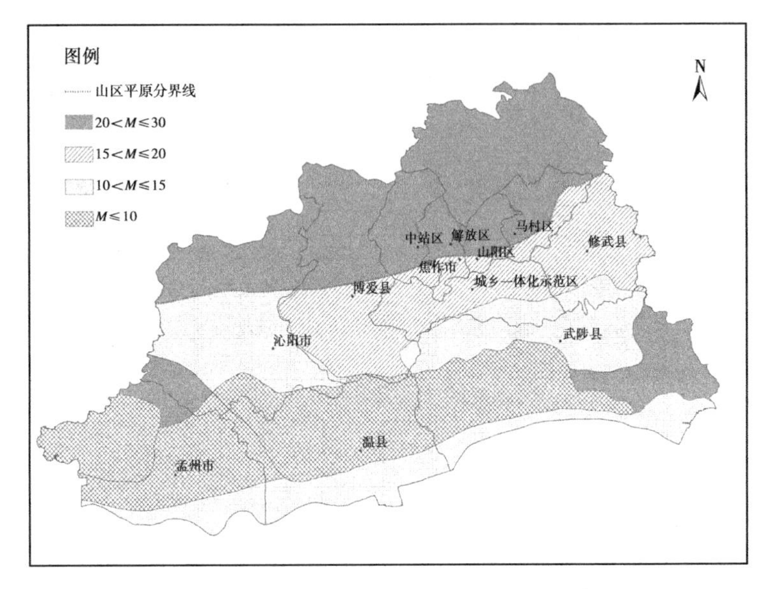

图 5-4　焦作市地下水资源量模数分区

区地下水资源量模数介于 8 万～10 万 m^3/km^2；沁河以北平原区地下水资源量模数一般介于 10 万～20 万 m^3/km^2，其中有大型灌区和引水条件好的地区，渠系渗漏补给和渠灌田间入渗补给量大，使地下水资源量模数比邻近平原区要大，比如武陟县东南部的引黄灌区和孟州市西北部、沁阳市西南部的蟒河平原，地下水资源量模数在 20 m^3/km^2 以上。

总体来看，焦作市地下水资源模数分布特征为：北部山区大于南部平原，沁北平原区大于沁南漏斗区，与降水分布特征类似，局部地区受含水层条件、地下水位埋深影响显著。

第 6 章　水资源总量及可利用量

在水循环过程中,大气降水是水资源总补给来源,地表水和地下水是水资源的两种表现形式,均处于同一个水循环系统中,它们之间互相联系而又不断转化。河川径流中包括一部分地下水排泄量,地下水中又有一部分来源于地表水的入渗补给。一定区域内的水资源总量指当地降水形成的地表和地下产水量,即地表径流量与降水入渗补给地下水量之和,可由地表水资源量加上地下水与地表水资源的不重复量求得。本章水资源总量评价是在完成地表水资源量和地下水资源量评价、分析地表水和地下水之间相互转化关系的基础上进行的。评价系列与降水和地表水资源量评价同步期系列一致。

水资源可利用量是从资源利用的角度,分析流域及河流水系可被河道外消耗利用的水资源量,水资源可利用量评价主要包括地表水资源可利用量和地下水资源可开采量。

6.1　水资源总量

6.1.1　水资源总量计算方法

根据降水、地表水、地下水的转化平衡关系,某一区域内水资源总量可用下式计算:

$$W = Rs + Pr = R + Pr - Rg$$

式中:W 为水资源总量;Rs 为地表径流量,即河川径流量与河川基流量之差;Pr 为降水入渗补给量,山丘区则为地下水资源量即总排泄量;R 为河川径流量,即地表水资源量;Rg 为山丘区河川基流量,平原区则为降水入渗补给量形成的河道排泄量。

上述公式是将地表水和地下水统一考虑后,扣除了地表水和地下水互相转化的重复量,来计算区域水资源总量。河川径流量可直接采用第4章地表水资源量评价成果,1956~2016年系列平原区降水入渗补给量和山丘区河川基流量可采用第5章地下水资源量评价所述计算方法进行计算,计算成果见表6-1。

6.1.2　水资源总量计算成果

参考《河南省第三次水资源调查评价工作大纲》技术要求,区域水资源总量评价中,只考虑平原区地下水资源量中淡水区(矿化度$M \leq 2$ g/L)降水入渗补给量,对于微咸水区($M>2$ g/L)不再单独考虑。

6.1.2.1　1956~2016**年系列**

根据上述计算方法和地表、地下水资源量评价成果,焦作市1956~2016年多年平均水资源总量为7.830 8亿m³,产水模数为19.2万m³/km²,其中地表水资源量为4.123 8亿m³,地表水与地下水资源不重复量3.707 0亿m³。黄河流域多年平均水资源总量为3.844 7亿m³,产水模数为17.9万m³/km²;海河流域多年平均水资源总量为3.986 1亿m³,产水模数为20.8万m³/km²。产水模数的分布特征为海河流域大于黄河流域,北部山区大于南部平原,与降水分布特征类似。

各行政区多年平均水资源总量最大的是修武县,为1.506 2亿m³,占全市水资源总量的19.2%;最小的是解放区,为0.153 5亿m³,占全市水资源总量的2.0%;从产水模数分布情况来看,市辖区的解放区、山阳区、中站区和马村区以及修武县产水模数都在20万m³/km²以上,相对较大;南部平原的城乡一体化示范区和武陟县产水模数相对较小,基本上在16万m³/km²左右。

6.1.2.2　1980~2016**年系列**

1980~2016年系列,焦作市多年平均水资源总量为7.209 8亿m³,产水模数为17.7万m³/km²,其中地表水资源量为3.679 0亿m³,地表水与地下水资源量不重复量为3.530 8亿m³。黄河流域多年平均水资源总量为3.539 7亿m³,产水模数为16.5万m³/km²;海河流域多年平均水资源总量为3.670 2亿m³,产水模数为19.1万m³/km²。各行政区多年平均水资源总量相比于1956~2016年系列年均值都有不同程度的减少。产水模数分布情况与1956~2016年系列基本一致,总体上是北部大、南部小,山区大于平原。

焦作市各流域、行政分区多年平均水资源总量成果见表6-1、表6-2。

表 6-1 焦作市流域分区多年平均水资源总量成果

流域	三级分区	计算面积（km^2）	系列年限	地表水资源量（亿 m^3）	降水入渗补给量（亿 m^3）	河川基流量（亿 m^3）	地表水与地下水资源不重复量（亿 m^3）	水资源总量（亿 m^3）	产水模数（万 m^3/km^2）
黄河流域	小浪底至花园口干流区间	896	1956~2016 年	1.115 1	0.551 3	0.048 8	0.502 5	1.617 6	18.1
			1980~2016 年	1.009 1	0.525 3	0.045 8	0.479 5	1.488 6	16.6
	沁丹河区	1 254	1956~2016 年	1.268 9	1.135 1	0.177 0	0.958 1	2.227 0	17.8
			1980~2016 年	1.135 3	1.086 7	0.170 8	0.915 8	2.051 1	16.4
	小计	2 150	1956~2016 年	2.384 0	1.686 5	0.225 8	1.460 6	3.844 7	17.9
			1980~2016 年	2.144 3	1.612 0	0.216 7	1.395 3	3.539 7	16.5
海河流域	漳卫河山丘区	729	1956~2016 年	0.874 7	1.691 0	0.398 1	1.292 9	2.167 6	29.7
			1980~2016 年	0.739 9	1.591 5	0.374 7	1.216 8	1.956 7	26.8
	漳卫河平原区	1 192	1956~2016 年	0.865 0	0.953 4		0.953 4	1.818 4	15.3
			1980~2016 年	0.794 8	0.918 7		0.918 7	1.713 5	14.4
	小计	1 921	1956~2016 年	1.739 7	2.644 4	0.398 1	2.246 3	3.986 1	20.8
			1980~2016 年	1.534 7	2.510 2	0.374 7	2.135 5	3.670 2	19.1
焦作市		4 071	1956~2016 年	4.123 8	4.330 9	0.623 9	3.707 0	7.830 8	19.2
			1980~2016 年	3.679 0	4.122 2	0.591 4	3.530 8	7.209 8	17.7

表 6-2　焦作市行政分区多年平均水资源总量成果

行政分区	计算面积（km^2）	系列年限	地表水资源量（亿 m^3）	降水入渗补给（亿 m^3）	河川基流量（亿 m^3）	地表水与地下水资源不重复量（亿 m^3）	水资源总量（亿 m^3）	产水模数（万 m^3/km^2）
解放区	62	1956～2016 年	0.062 3	0.115 8	0.024 6	0.091 2	0.153 5	24.8
		1980～2016 年	0.053 9	0.109 3	0.023 1	0.086 1	0.140 0	22.6
山阳区	65	1956～2016 年	0.065 6	0.133 8	0.028 9	0.104 9	0.170 5	26.2
		1980～2016 年	0.056 0	0.126 2	0.027 2	0.098 9	0.154 9	23.8
中站区	124	1956～2016 年	0.132 8	0.234 4	0.059 5	0.174 9	0.307 7	24.8
		1980～2016 年	0.114 2	0.220 9	0.056 0	0.164 9	0.279 1	22.5
马村区	118	1956～2016 年	0.119 8	0.210 5	0.042 1	0.168 5	0.288 3	24.4
		1980～2016 年	0.104 2	0.198 9	0.039 6	0.159 3	0.263 5	22.3
城乡一体化示范区	173	1956～2016 年	0.145 4	0.125 6		0.125 6	0.271 0	15.7
		1980～2016 年	0.133 5	0.120 9		0.120 9	0.254 4	14.7
修武县	633	1956～2016 年	0.661 4	1.051 3	0.206 4	0.844 8	1.506 2	23.8
		1980～2016 年	0.573 3	0.993 5	0.194 3	0.799 2	1.372 5	21.7

续表 6-2

行政分区	计算面积（km²）	系列年限	地表水资源量（亿 m³）	降水入渗补给（亿 m³）	河川基流量（亿 m³）	地表水与地下水资源不重复量（亿 m³）	水资源总量（亿 m³）	产水模数（万 m³/km²）
博爱县	435	1956~2016年	0.407 1	0.507 8	0.097 2	0.410 6	0.817 7	18.8
		1980~2016年	0.363 9	0.485 0	0.092 9	0.392 1	0.756 0	17.4
武陟县	833	1956~2016年	0.736 3	0.565 8		0.565 8	1.302 1	15.6
		1980~2016年	0.664 7	0.540 7		0.540 7	1.205 4	14.5
温县	462	1956~2016年	0.468 9	0.329 3		0.329 3	0.798 2	17.3
		1980~2016年	0.427 2	0.315 4		0.315 4	0.742 6	16.1
孟州市	542	1956~2016年	0.655 6	0.377 9	0.048 8	0.329 1	0.984 7	18.2
		1980~2016年	0.593 1	0.359 5	0.045 8	0.313 6	0.906 7	16.7
沁阳市	624	1956~2016年	0.668 4	0.678 7	0.116 4	0.562 3	1.230 7	19.7
		1980~2016年	0.595 0	0.652 0	0.112 4	0.539 7	1.134 7	18.2
焦作市	4 071	1956~2016年	4.123 8	4.330 9	0.624 0	3.707 0	7.830 8	19.2
		1980~2016年	3.679 0	4.122 2	0.591 4	3.530 8	7.209 8	17.7

6.1.3　不同系列水资源总量对比

通过1956～1979年、1980～2016年和2001～2016年3个系列与1956～2016年系列多年平均水资源总量比较，以反映不同系列水资源总量变化情况。

焦作市1956～1979年多年平均水资源总量相比于1956～2016年系列偏多12.2%，黄河、海河流域均偏多12.2%；1980～2016年系列与1956～2016年系列相比，全市、黄河及海河流域多年平均水资源总量均偏少7.9%；2001～2016年系列与1956～2016年系列相比，全市多年平均水资源总量偏少7.2%，黄河流域偏少8.2%，海河流域偏少6.2%。焦作市不同系列多年平均水资源总量比较情况见表6-3。

表6-3　焦作市不同系列年均水资源总量比较　（单位：亿 m^3）

流域/行政分区	1956～2016年	1956～1979年		1980～2016年		2001～2016年	
	年均值	年均值	增减幅度(%)	年均值	增减幅度(%)	年均值	增减幅度(%)
黄河流域	3.844 7	4.315 0	12.2	3.539 7	-7.9	3.529 3	-8.2
海河流域	3.986 1	4.473 1	12.2	3.670 2	-7.9	3.739 9	-6.2
解放区	0.153 5	0.174 2	13.5	0.140 1	-8.7	0.141 3	-7.9
山阳区	0.170 4	0.194 3	14.0	0.154 9	-9.1	0.158 0	-7.3
中站区	0.307 7	0.351 9	14.4	0.279 0	-9.3	0.280 1	-9.0
马村区	0.288 3	0.326 3	13.2	0.263 6	-8.6	0.268 4	-6.9
城乡一体化示范区	0.271 0	0.296 6	9.4	0.254 5	-6.1	0.265 5	-2.0
修武县	1.506 2	1.712 4	13.7	1.372 5	-8.9	1.389 4	-7.8
博爱县	0.817 7	0.913 0	11.7	0.756 0	-7.5	0.759 4	-7.1
武陟县	1.302 2	1.451 5	11.5	1.205 4	-7.4	1.235 4	-5.1
温县	0.798 2	0.884 0	10.8	0.742 5	-7.0	0.735 5	-7.9
孟州市	0.984 7	1.104 9	12.2	0.906 7	-7.9	0.906 5	-7.9
沁阳市	1.230 8	1.378 9	12.0	1.134 7	-7.8	1.129 8	-8.2
焦作市	7.830 8	8.788 0	12.2	7.209 8	-7.9	7.269 3	-7.2

6.1.4 不同年代水资源总量变化情况

从水资源总量年代变化情况来看，20世纪五六十年代最丰，70年代最接近1956～2016年多年平均值，90年代和2011～2016年最枯。黄河流域水资源总量年代变化情况与全市总体情况一致；海河流域水资源总量最枯年代出现在20世纪80年代，这与海河流域80年代降水最少有关。各行政区水资源总量也是五六十年代最丰，70年代最接近多年平均值，八九十年代和2011～2016年代最枯，最枯年代出现时段与其所属流域一致。

总体来看，水资源总量年代变化情况与降水和天然径流基本一致，2000年以后，受人类活动影响的加剧，水资源总量变化情况与天然径流更为接近。焦作市不同年代水资源总量见表6-4。

表6-4 焦作市不同年代水资源总量 （单位：亿 m^3）

流域/行政区	1956～1960年	1961～1970年	1971～1980年	1981～1990年	1991～2000年	2001～2010年	2011～2016年
黄河流域	4.855 6	4.507 1	3.764 8	3.720 7	3.385 2	3.615 2	3.386 2
海河流域	4.737 0	4.605 1	4.091 6	3.573 7	3.692 3	3.759 9	3.706 4
解放区	0.185 2	0.179 1	0.159 5	0.136 3	0.142 8	0.141 5	0.140 8
山阳区	0.211 1	0.198 0	0.177 5	0.148 2	0.157 6	0.158 6	0.157 1
中站区	0.388 2	0.360 6	0.315 1	0.274 2	0.284 8	0.278 4	0.283 1
马村区	0.342 1	0.336 8	0.299 0	0.254 8	0.267 4	0.268 5	0.268 3
城乡一体化示范区	0.306 2	0.306 6	0.275 6	0.242 7	0.250 6	0.273 1	0.252 8
修武县	1.795 0	1.773 3	1.558 5	1.340 5	1.395 2	1.392 9	1.383 6
博爱县	1.002 0	0.939 4	0.822 9	0.752 6	0.757 3	0.760 7	0.757 2
武陟县	1.567 6	1.541 9	1.263 7	1.187 4	1.190 0	1.280 9	1.159 6
温县	0.968 6	0.931 7	0.781 8	0.802 0	0.692 4	0.761 5	0.692 2
孟州市	1.248 0	1.113 7	1.004 0	0.972 4	0.842 2	0.908 2	0.903 6
沁阳市	1.578 7	1.431 2	1.199 0	1.183 1	1.097 3	1.151 0	1.094 4
焦作市	9.592 6	9.112 2	7.856 4	7.294 4	7.077 6	7.375 1	7.092 6

6.2　地表水资源可利用量

地表水资源可利用量是指在可预见的时期内,统筹考虑生活、生产和生态环境用水,协调河道内与河道外用水的基础上,通过经济合理、技术可行的措施,在现状下垫面条件下的地表水资源量中可供河道外耗用的最大水量。回归水、废污水、再生水等水量不计入地表水资源可利用量。地表水资源可利用量计算一般以流域水系和主要河流控制节点为计算单元,以保持成果的独立性、完整性。

6.2.1　计算方法

北方水资源紧缺地区一般采用扣损法(倒扣法)来计算,即用多年平均地表水资源量减去不可以被利用水量和不可能被利用水量中的汛期下泄洪水量的多年平均值,得出多年平均地表水资源可利用量。计算公式如下:

$$W_{\text{地表水可利用量}} = W_{\text{地表水资源量}} - W_{\text{河道内生态需水量}} - W_{\text{洪水弃水}}$$

不可以被利用水量是指不允许利用的水量,以免造成生态环境恶化及被破坏的严重后果,即必须满足的河道内基本生态环境需水量。河道内基本生态环境需水量是指维持河流、湖泊基本形态、生态基本栖息地和水体基本自净能力需要保留在河道内的水量及过程,一般采用多年平均天然径流百分数法(北方地区一般取10%~20%)、近10年最小月平均流量或90%保证率最小月平均流量法、典型年法进行估算。根据焦作市主要河流基本情况,选取15%的多年平均天然径流量作为河道内基本生态环境需水量。

不可能被利用水量,通常也称之为汛期难以控制利用下泄洪水量,是指受种种因素和条件的限制,无法被利用的水量。主要包括:超出工程最大调蓄能力和供水能力的洪水量;在可预见时期内受工程经济技术性影响不可能被利用的水量以及在可预见的时期内超出最大用水需求的水量。

本次评价,汛期难以控制利用下泄洪水量,采用天然径流量长系列资料,逐年计算汛期难以控制利用下泄的水量,在此基础上计算多年平均情况下汛期难以控制利用下泄洪水量。具体计算方法与步骤如下:

(1)确定汛期时段。根据焦作市主要河流水文特性和天然径流系列资料,洪峰一般出现在七下八上(7月下旬和8月上旬)主汛期,9月受径流相对滞后及秋汛的影响,仍可能出现短时间洪峰,因此将7~9月确定为计算时段。

(2)汛期最大的调蓄和耗用水量W_m。焦作市属于北方水资源紧缺地区,现状地表水资源开发利用程度较高,可根据近10年来实际用水消耗量(由天然径流量与实测径流量之差计算),从中选择最大值,作为汛期最大用水消耗量。

(3)汛期难以控制利用的下泄洪水量$W_{泄}$。用控制站汛期天然径流系列资料$W_{天}$减W_m得出逐年汛期难以控制利用洪水量$W_{泄}$(若$W_{天}-W_m<0$,则$W_{泄}$为0),并计算其多年平均值。

$$W_{泄} = \frac{1}{n} \times \sum (W_{i天} - W_m)$$

式中:$W_{泄}$为多年平均汛期难以控制利用洪水量;$W_{i天}$为第i年汛期天然径流量;W_m为流域汛期最大调蓄及用水消耗量;n为系列年数。

6.2.2　主要河流控制站地表水资源可利用量

焦作市境内沁河、蟒河、大沙河分别采用五龙口—山路平—武陟区间、济源站和修武站作为径流控制站,根据以上所述估算方法,计算这3个控制站(区间)的1956~2016年多年平均地表水资源可利用量分别为0.420 6亿m^3、0.415 0亿m^3、0.564 7亿m^3。计算成果见表6-5。

6.2.3　分区地表水资源可利用量

分区地表水资源可利用量是在主要河流地表水资源可利用量计算基础上采用水文比拟法进行计算的。在计算过程中,需根据各分区经济社会发展用水情况及水利工程调蓄能力对地表水资源可利用量进行合理调整。调整原则包括以下几个方面:

表 6-5　主要河流控制站地表水资源可利用量计算成果

(单位:亿 m^3)

流域	河流	控制站	多年平均天然径流量	河道内生态环境需水量	汛期泄洪水量	地表水资源可利用量
黄河	沁河	五龙口—山路平—武陟	0.601 9	0.090 3	0.091 0	0.420 6
	蟒河	济源	0.797 0	0.119 6	0.262 4	0.415 0
海河	大沙河	修武	1.055 7	0.158 4	0.332 6	0.564 7

(1)对于水量相对丰富的山区,地表水资源量中的基流量部分比较稳定,便于开发和利用,可将这部分基流量的可利用部分作为地表水的可利用量。另外,建有水库的山丘区,考虑工程调蓄能力、可能发展的灌溉面积以及未来经济社会发展可能增加的需水量等影响因素,可适当提高地表水资源可利用率。

(2)对于在可预期的时期内规划有新建控制性调蓄工程的区域,可适当提高地表水资源可利用率。

(3)南部平原区河流属于季节性河流,枯水季河道流量小,汛期径流量往往占到全年的60%~70%,且常常集中在短时间内的几次洪峰前后,由于缺少调蓄工程,这部分地表水资源量利用起来一般较为困难,但考虑到平原区修建有大量的拦河闸、坝和塘堰等,若运用得当,仍可能利用一部分洪水资源。

(4)随着社会的发展,经济、技术水平的不断提高,人们控制利用水的能力增强,环境需水也会发生变化,地表水资源可利用量具有不确定性和动态性。

焦作市多年平均地表水资源可利用量计算成果见表 6-6。

表6-6 焦作市多年平均地表水资源可利用量计算结果

流域	三级分区	多年平均地表水资源量(亿 m^3)	多年平均地表水可利用量(亿 m^3)	可利用系数(%)
黄河流域	小浪底至花园口干流区间	1.115 1	0.615 6	55.2
	沁丹河区	1.268 9	0.728 6	57.4
	小计	2.384 0	1.344 1	56.4
海河流域	漳卫河山区	0.874 7	0.566 9	64.8
	漳卫河平原	0.865 0	0.462 8	53.5
	小计	1.739 7	1.029 7	59.2
焦作市		4.123 8	2.373 9	57.6

6.3 地下水可开采量

地下水可开采量是指在保护生态环境和地下水资源可持续利用的前提下,通过经济合理、技术可行的措施,在近期下垫面条件下可从含水层中获取的最大水量。山丘区地下水大部分以河川基流量、泉水出露的形式排泄于地表,山丘区地下水开采将减少河川基流量和泉水出露量,使河川径流量减少,且开发利用地下水不会增加水资源可利用量,因此本次主要考虑平原区浅层地下水可开采量。

6.3.1 平原区浅层地下水可开采量计算方法

参考《河南省第三次水资源调查评价工作大纲》要求,平原区地下水可开采量主要对淡水区(矿化度 $M \leqslant 2$ g/L)浅层地下水2001~2016年多年平均可开采量进行评价。平原区浅层地下水可开采量计算方法主要有水均衡法、实际开采量调查法和可开采系数法。

6.3.1.1 水均衡法

水均衡法是基于地下水均衡分析原理,计算评价区多年平均地下水可开采量。对地下水开发利用程度较高地区,可在多年平均浅层地下水资源总补给量中扣除难以袭夺的潜水蒸发量、河道排泄量、侧向流出量、湖库排泄量等,近似作为多年平均地下水可开采量,也可按以下公式近似计算多年平均地下水可开采量。

$$Q_{可开采} = Q_{实采} + \Delta W$$

式中:$Q_{可开采}$、$Q_{实采}$、ΔW 分别为多年平均地下水可开采量、多年平均实际开采量、多年平均地下水蓄变量。

对地下水开发利用程度较低地区,可考虑未来开采量可能增加因素及其引起的补排关系的变化,结合上述方法确定多年平均地下水可开采量。

6.3.1.2　**实际开采量调查法**

实际开采量调查法适用于地下水开发利用程度较高、地下水实际开采量统计资料较准确完整且潜水蒸发量较小区域。若评价区评价期内某时段(一般不少于5年)的地下水埋深基本稳定,则可将该时段的年均地下水实际开采量近似作为多年平均地下水可开采量。

6.3.1.3　**可开采系数法**

可开采系数法适用于含水层水文地质条件研究程度较高的地区,区域浅层地下水含水层的岩性组成、厚度、渗透性能及单井涌水量等情况清楚,并且浅层地下水有一定的开发利用水平,同时积累了较长系列开采量调查统计与水位动态观测资料。可开采系数法采用以下公式计算多年平均地下水可开采量:

$$Q_{可开采} = \rho \times Q_{总补}$$

式中:ρ 为地下水可开采系数,无量纲;$Q_{可开采}$、$Q_{总补}$ 分别为多年平均地下水可开采量和多年平均地下水总补给量。

地下水可开采系数 ρ 是反映生态环境约束和含水层开采条件等因素的参数,取值不大于1.0,要结合近年来地下水实际开采量及地下水埋深等资料,并经水均衡法或实际开采量调查法典型核算后,合理选取。根据焦作市实际情况,漏斗区可采用较大可开采系数,一般不小于0.8,其他区域可适当降低可开采系数。

6.3.2　平原区浅层地下水可开采量

采用可开采系数法计算焦作市平原区浅层地下水多年平均可开采量。根据上述计算方法,结合第 4 章平原区总补给量计算结果,焦作市平原区浅层地下水(淡水区,矿化度 $M \leqslant 2$ g/L)多年平均可开采量为 4.093 3 亿 m^3,可开采系数为 0.83。其中,黄河流域多年平均可开采量为 2.035 1 亿 m^3,可开采系数为 0.82;海河流域多年平均可开采量为 2.058 2 亿 m^3,可开采系数为 0.84。焦作市平原区多年平均浅层地下水可开采量评价成果见表 6-7、表 6-8。

表 6-7　焦作市平原区浅层地下水可开采量(流域分区)

流域/行政分区	流域三级区	地下水总补给量(亿 m^3)	地下水可开采量(亿 m^3)	可开采系数
黄河流域	小浪底至花园口干流区	1.022 9	0.806 2	0.79
	沁丹河区	1.450 9	1.228 9	0.85
	小计	2.473 8	2.035 1	0.82
海河流域	漳卫河平原	2.458 9	2.058 2	0.84
焦作市		4.932 6	4.093 3	0.83

表 6-8　焦作市平原区浅层地下水可开采量(行政分区)

行政分区	地下水总补给量(亿 m^3)	地下水可开采量(亿 m^3)	可开采系数
解放区	0.051 4	0.042 6	0.83
山阳区	0.050 6	0.042 0	0.83
中站区	0.055 9	0.046 4	0.83
马村区	0.110 7	0.091 8	0.83
城乡一体化示范区	0.259 9	0.215 6	0.83
修武县	0.576 1	0.477 8	0.83

续表 6-8

行政分区	地下水总补给量（亿 m^3）	地下水可开采量（亿 m^3）	可开采系数
博爱县	0.610 2	0.506 1	0.83
武陟县	1.124 5	0.967 1	0.86
温县	0.668	0.554 4	0.83
孟州市	0.508 9	0.412 9	0.81
沁阳市	0.916 4	0.735 3	0.80
焦作市	4.932 6	4.093 3	0.83

第 7 章　水资源质量

随着社会经济的快速发展和人民生活水平的不断提高,水环境问题越来越突出,尤其是急剧下降的水资源质量。水资源质量是指水体中所含物理成分、化学成分、生物成分的总和,决定着水的用途和利用价值。对区域水资源质量进行全面评价是开展水资源保护以及合理开发利用的前提和基础。本章节主要以现状 2016 年水质监测资料为依据,开展天然水化学特征分析、水质现状以及变化趋势分析等评价内容。

7.1　地表水资源质量评价

地表水资源质量评价内容包括天然水化学特征分析、地表水质量现状评价、水功能区达标评价、饮用水水源地水质现状及合格评价和地表水水质变化趋势分析等内容。

7.1.1　地表水天然水化学特征

7.1.1.1　评价基本要求

1. 评价范围

焦作市黄河流域和海河流域共 14 个地表水质监测站,其中黄河流域 11 个,涉及沁河、丹河、蟒河等主要河流;海河流域 3 个,涉及大沙河和新河。

2. 评价项目

评价项目为矿化度、总硬度、钾、钠、钙、镁、重碳酸盐、氯化物、硫酸盐和碳酸盐 10 个项目。

3. 评价内容和方法

1)矿化度和总硬度

按照表 7-1,根据水质站矿化度、总硬度含量确定级别和类型。

表 7-1　地表水矿化度与总硬度评价标准及分级方法

级别	矿化度(mg/L)	总硬度(mg/L)	评价类型	
一级	<50 50~100	<25 25~55	低矿化度	极软水
二级	100~200 200~300	55~100 100~150	较低矿化度	软水
三级	300~500	150~300	中等矿化度	适度硬水
四级	500~1 000	300~450	较高矿化度	硬水
五级	≥1 000	≥450	高矿化度	极硬水

2)水化学类型

采用阿列金分类法划分水化学类型,即按水体中阴、阳离子的优势成分和离子间的比例关系来确定水化学类型。首先,按优势阴离子将地表水划分为三类:重碳酸盐类、硫酸盐类和氯化物类,它们的矿化度依次增加,水质变差。然后,在每一类中,按优势阳离子划分为钙组、镁组和钠组(钾加钠)三组。在每个组内再按阴、阳离子间摩尔浓度的相对比例关系分为如下 4 个型:

Ⅰ型:$[HCO_3^-]>2[Ca^{2+}]+2[Mg^{2+}]$;

Ⅱ型:$[HCO_3^-]<2[Ca^{2+}]+2[Mg^{2+}]<[HCO_3^-]+2[SO_4^{2-}]$;

Ⅲ型:$[HCO_3^-]+2[SO_4^{2-}]<2[Ca^{2+}]+2[Mg^{2+}]$或$[Cl^-]>[Na^+]$;

Ⅳ型:$[HCO_3^-]=0$。

本分类中每一性质的水均用符号表示,“类”采用相应的阴离子的符号表示(C、S、Cl),“组”采用阳离子的符号表示,写作“类”的次方的形式。“型”则用罗马字标在“类”符号的下面。全符号写成下列形式:如 $C_{Ⅱ}Ca$ 表示重碳酸盐类钙组第二型水。

7.1.1.2 评价结果

1. 矿化度

矿化度是地表水化学的重要属性之一，它既可以直接反映出地表水的化学类型，又可以间接反映出地表水无机盐类物质积累或稀释的环境条件。矿化度是水中所含无机矿物成分的总量，它是确定天然水质优劣的一个重要指标，水质随着其含量的升高而下降。本次评价，焦作市主要河流天然地表水体矿化度大部分为四级（含量在500~1 000 mg/L，较高矿化度），仅有少部分矿化度为三级（含量在300~500 mg/L，中等矿化度）和五级（>1 000 mg/L，高矿化度），见表7-2。

表7-2 焦作市主要河流水质代表站天然水化学类型评价成果

流域	河流名称	水质站名称	矿化度		总硬度		水化学类型
			浓度（mg/L）	级别	浓度（mg/L）	级别	
海河流域	新河	张建屯	2 123	五级	494	五级	S类Na组Ⅱ型
	大沙河	官司桥	944	四级	406	四级	S类Na组Ⅱ型
	大沙河	高村乡北组近	756	四级	390	四级	S类Na组Ⅱ型
黄河流域	丹河	玉皇庙	688	四级	478	五级	S类Ca组Ⅲ型
	丹河	焦克公路桥	665	四级	466	五级	S类Ca组Ⅲ型
	丹河	入沁河口	592	四级	484	五级	S类Ca组Ⅲ型
	沁河	孝敬	618	四级	405	四级	S类Ca组Ⅲ型
	沁河	武陟县王顺	650	四级	413	四级	S类Ca组Ⅲ型
	沁河	武陟县小董	471	三级	405	四级	S类Ca组Ⅲ型
	沁河	武陟	535	四级	322	四级	S类Na组Ⅱ型
	蟒河	谷旦闸	742	四级	464	五级	C类Ca组Ⅲ型
	蟒改河	南庄镇	726	四级	433	四级	S类Ca组Ⅲ型
	新蟒河	赵马	635	四级	421	四级	Cl类Ca组Ⅲ型
	新蟒河	阎庄	790	四级	422	四级	Cl类Ca组Ⅲ型

2. 总硬度

总硬度为碳酸盐硬度与非碳酸盐硬度的总和。地表水总硬度的大小取决于钙离子、镁离子的含量，总硬度随矿化度的增加而增加，地区分布规律基本与矿化度基本相同。本次评价，焦作市主要河流天然地表水体总硬度普遍都大于 250 mg/L，属于极硬水。

3. 水化学类型

地表水中主要有钾、钠、钙、镁、氯、硫酸根、碳酸氢根和碳酸根八大离子，它们的总量又常接近河水的矿化度。采用阿列金分类法，按水体中阴、阳离子的优势成分和阴、阳离子间的比例关系确定水化学类型。本次评价，焦作市主要河流天然水化学类型以 S 类 Ca 组Ⅲ型为主，其次是 S 类 Na 组Ⅱ型和 Cl 类 Ca 组Ⅲ型。

7.1.2 地表水质量现状评价

7.1.2.1 评价基本要求

1. 评价范围

焦作市河流水质现状评价选用 28 个水功能区水质代表站，评价范围涉及全市黄河、海河两大流域。评价河长共计 428.0 km，其中黄河流域 303.9 km，海河流域 124.1 km。水库水质评价主要涉及青天河、群英和马鞍石 3 个中型水库。焦作市地表水质评价站点分布情况见图 7-1。

2. 评价标准

河流和湖库的水质类别评价执行《地表水环境质量标准》(GB 3838—2002)。

3. 评价项目

河流水质评价项目包括 pH、溶解氧、高锰酸盐指数、化学需氧量、五日生化需氧量、氨氮、总磷、铜、锌、氟化物、硒、砷、汞、镉、六价铬、铅、氰化物、挥发酚、阴离子表面活性剂、硫化物共 20 个基本项目。

4. 评价方法

采用单因子评价法，即水质类别按参评项目中水质最差项目的类别确定，当不同类别的评价标准值相同时，遵循从优不从劣的原则。

湖库营养状态评价方法：首先查评价标准表将项目浓度值转换为

图 7-1　焦作市地表水质站点分布

评分值,监测值处于两者中间者采用相邻点内插,然后把几个评价项目的评分值取平均值,最后用求得的平均值再查表得到营养状态等级。

5. 评价代表值

以 2016 年为现状代表年,评价时段分汛期、非汛期和全年,选用非汛期、汛期、全年均值作为评价代表值。

7.1.2.2　地表水质现状

现状年焦作市河流水质全年期共评价河长 428.0 km,其中水质类别为Ⅰ～Ⅲ类河长 157.0 km,占总评价河长的 36.7%;Ⅴ类河长 21.8 km,占比 5.1%;劣Ⅴ类河长 193.1 km,占比 45.1%;断流河长 56.1 km,占比 13.1%。全年期评价超Ⅲ类水质标准河长比例达到 50.2%。

汛期共评价河长 428.0 km,其中水质类别为Ⅰ～Ⅲ类河长 124.0 km,占总评价河长的 29.0%;Ⅳ类河长 48.0 km,占比 11.2%;Ⅴ类河长 32.8 km,占比 7.7%;劣Ⅴ类河长 167.1 km,占比 39.0%;断流河长 56.1 km,占比 13.1%,汛期评价超Ⅲ类水质标准河长比例达到 57.9%。

非汛期共评价河长 428.0 km,其中水质类别为Ⅰ～Ⅲ类河长 157.0 km,占总评价河长的 36.7%;Ⅴ类河长 6.8 km,占比 1.6%;劣Ⅴ类河长 208.1 km,占比 48.6%;断流河长 56.1 km,占比 13.1%,非汛期评价超Ⅲ类水质标准河长比例达到 50.2%。

1. 按流域分区统计

海河流域评价河长 124.1 km,全年期、汛期和非汛期评价除断流河长 56.1 km 外,其余河长均为Ⅴ类或劣Ⅴ类水质。主要污染物为化学需氧量、氨氮、五日生化量;黄河流域评价河长 303.9 km,全年期水质为Ⅰ～Ⅲ类的河长 157 km,占总评价河长的 51.7%,其余河长,均为Ⅴ类或劣Ⅴ类水质;汛期、非汛期水质为Ⅰ～Ⅲ类的河长,分别占总评价河长的 40.8%和 51.7%。

总体来看,焦作市海河流域河流水质状况较差,除断流河段外,全部为Ⅴ类或劣Ⅴ类水质。黄河流域水质状况好于海河流域,但小浪底至花园口干流区间水质状况较差,主要原因是蟒河水体污染严重。

焦作市流域分区河流水质评价统计结果见表 7-3,全年期评价不同水质类别占评价河长比例见图 7-2。

表 7-3　焦作市流域分区地表水质现状评价统计成果

流域	评价时段	评价河长(km)	类别	Ⅰ类	Ⅱ类	Ⅲ类	Ⅳ类	Ⅴ类	劣Ⅴ类	断流
海河	全年期	124.1	河长(km)						68	56.1
			占比(%)						54.8	45.2
	汛期	124.1	河长(km)					10.5	57.5	56.1
			占比(%)					8.5	46.3	45.2
	非汛期	124.1	河长(km)						68	56.1
			占比(%)						54.8	45.2

续表 7-3

流域	评价时段	评价河长(km)	类别	Ⅰ类	Ⅱ类	Ⅲ类	Ⅳ类	Ⅴ类	劣Ⅴ类	断流
黄河	全年期	303.9	河长(km)		138.5	18.5	0	21.8	125.1	
			占比(%)		45.6	6.1	0	7.2	41.2	
	汛期	303.9	河长(km)		92.5	31.5	48	22.3	109.6	
			占比(%)		30.4	10.4	15.8	7.3	36.1	
	非汛期	303.9	河长(km)		72	85		6.8	140.1	
			占比(%)		23.7	28.0		2.2	46.1	
全市	全年期	428.0	河长(km)		138.5	18.5		21.8	193.1	56.1
			占比(%)		32.4	4.3		5.1	45.1	13.1
	汛期	428.0	河长(km)		92.5	31.5	48	32.8	167.1	56.1
			占比(%)		21.6	7.4	11.2	7.7	39.0	13.1
	非汛期	428.0	河长(km)		72.0	85.0		6.8	208.1	56.1
			占比(%)		16.8	19.9		1.6	48.6	13.1

2. 按行政分区统计

按行政分区统计，沁阳市、武陟县、博爱县水质相对较好，全年期评价Ⅰ～Ⅲ类河长占比分别为80.9%、62.8%和58.6%；孟州市、温县、示范区水质较差，全年期评价超Ⅲ类水质标准河长都在65%以上。焦作市各行政区河流水质评价统计结果见表7-4。

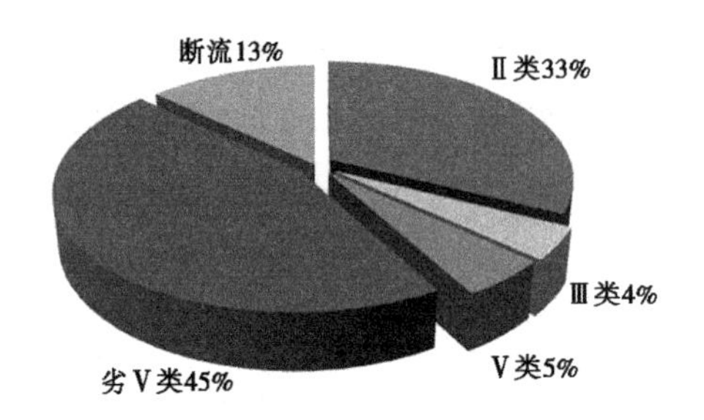

图 7-2　焦作市地表水质全年期评价不同水质类别占比

表 7-4　焦作市行政分区地表水质现状评价统计成果（单位：km）

行政区	评价时段	评价河长	Ⅰ类	Ⅱ类	Ⅲ类	Ⅳ类	Ⅴ类	劣Ⅴ类	断流
解放区	全年期	5						5	
	汛期	5					5		
	非汛期	5						5	
中站区	全年期	13. 8						9. 3	4. 5
	汛期	13. 8						9. 3	4. 5
	非汛期	13. 8						9. 3	4. 5
示范区	全年期	35. 1						35. 1	
	汛期	35. 1					5. 5	29. 6	
	非汛期	35. 1						35. 1	
修武县	全年期	53. 1						18. 6	34. 5
	汛期	53. 1						18. 6	34. 5
	非汛期	53. 1						18. 6	34. 5
博爱县	全年期	87		40. 9	10. 1		15	7	14
	汛期	87		13. 9	31. 5	20. 6		7	14
	非汛期	87		27	24			22	14

续表 7-4

行政区	评价时段	评价河长	Ⅰ类	Ⅱ类	Ⅲ类	Ⅳ类	Ⅴ类	劣Ⅴ类	断流
武陵县	全年期	56. 7		35. 6				18	3. 1
	汛期	56. 7		35. 6				18	3. 1
	非汛期	56. 7		2	33. 6			18	3. 1
温县	全年期	89. 9		30. 3				59. 6	
	汛期	89. 9		30. 3			5. 3	54. 3	
	非汛期	89. 9		20	10. 3			59. 6	
孟州市	全年期	77. 3		23			6. 8	47. 5	
	汛期	77. 3		23			17	37. 3	
	非汛期	77. 3		23			6. 8	47. 5	
沁阳市	全年期	78. 6		49. 6	14		15		
	汛期	78. 6		3. 6	27	48			
	非汛期	78. 6		27	36. 6			15	

7. 1. 3　水库现状水质评价

7. 1. 3. 1　群英水库

群英水库全年期评价水质为Ⅲ类，总磷年均值含量为 0. 17 mg/L，总氮年均值含量为 3. 76 mg/L，高锰酸盐指数年均值含量为 1. 42 mg/L，营养状态指数为 57，属轻度富营养状态。

7. 1. 3. 2　青天河水库

青天河水库全年期评价水质为Ⅲ类，总磷年均值含量为 0. 03 mg/L，总氮年均值含量为 4. 02 mg/L，高锰酸盐指数年均值含量为 1. 2 mg/L，营养状态指数为 48，属中营养状态。

7.1.3.3 马鞍石水库

马鞍石水库全年期评价水质为Ⅲ类，总磷年均值含量为 0.08 mg/L，总氮年均值含量为 3.20 mg/L，高锰酸盐指数年均值含量为 1.13 mg/L，营养状态指数为 52，属轻度富营养状态。

水库营养状态评价成果见表 7-5。

表 7-5 水库营养状态评价成果 （单位：mg/L）

水质监测时间（月份）	群英水库			青天河水库			马鞍石水库		
	总磷	总氮	高锰酸盐指数	总磷	总氮	高锰酸盐指数	总磷	总氮	高锰酸盐指数
4	0.42	3.83	1.6	<0.01	4.29	1.2	<0.01	2.14	1.2
5	0.60	3.54	1.2	0.12	3.11	1.2	0.42	3.88	1.4
7	<0.01	3.98	1.4	0.01	3.87	1.4	0.01	3.37	1.1
8	<0.01	3.03	1.8	0.01	4.36	1.1	0.01	3.49	1
9	<0.01	4.51	0.9	<0.01	4.15	1.3	0.01	3.55	1
11	<0.01	3.64	1.6	0.01	4.32	1.0	<0.01	2.76	1.1
均值	0.17	3.76	1.42	0.03	4.02	1.2	0.08	3.20	1.13
评分值	57			48			52		
结论	轻度富营养			中营养			轻度富营养		

7.1.4 水功能区达标评价

7.1.4.1 水功能区划情况

根据《河南省水功能区划》，焦作市境内河流涉及一级水功能区 11 个，其中开发利用区 10 个，保护区 1 个；涉及二级水功能区共计 28 个，代表河长 428.0 km，其中保护区 1 个，代表河长 4.5 km；饮用水源区 4 个，代表河长 97.5 km；农业用水区 7 个，代表河长 84.6 km；排污控制区 9 个，代表河长 131.8 km；过渡区 6 个，代表河长 99.1 km；景观娱乐用水区 1 个，代表河长 10.5 km。焦作市水功能区划情况见表 7-6。

表7-6　焦作市水功能区划情况　（单位:km）

一级功能区名称	二级功能区名称	水资源三级区	河流	代表河长
大沙河焦作市开发利用区	大沙河焦作市饮用水源区	卫河山丘区	大沙河	25.5
	大沙河焦作市排污控制区	漳卫河平原		7
	大沙河焦作市农业用水区			6
	大沙河博爱县排污控制区			3
	大沙河修武县农业用水区			12
	大沙河修武县排污控制区			20.5
新河焦作市开发利用区	新河焦作市景观娱乐用水区	漳卫河平原	新河	10.5
	新河焦作市排污控制区			9
大狮涝河焦作市开发利用区	大狮涝河修武县农业用水区	漳卫河平原	大狮涝河	19.1
	大狮涝河修武县排污控制区			11.5
沁河济源焦作开发利用区	沁河济源沁阳农业用水区	沁丹河区	沁河	19
	沁河沁阳排污控制区			14
	沁河沁阳武陟过渡区			16
	沁河武陟农业用水区			4.7
	沁河武陟过渡区			26.8
丹河晋豫自然保护区	丹河晋豫自然保护区	沁丹河区	丹河	4.5
丹河焦作开发利用区	丹河博爱饮用水源区	沁丹河区	丹河	27
	丹河博爱沁阳排污控制区			8
	丹河博爱沁阳过渡区			7
老蟒河焦作开发利用区	老蟒河孟州温县排污控制区	沁丹河区	老蟒河	53.5
	老蟒河武陟过渡区			18
蟒河济源焦作开发利用区	蟒河济源过渡区	小花干区间	蟒河	5.5
	蟒河孟州农业用水区			6.8

续表 7-6

一级功能区名称	二级功能区名称	水资源三级区	河流	代表河长
蟒改河孟州开发利用区	蟒改河孟州农业用水区	小花干区间	蟒改河	17
新蟒河焦作开发利用区	新蟒河孟州排污控制区	小花干区间	新蟒河	5.3
	新蟒河温县过渡区			25.8
黄河河南开发利用区	黄河焦作饮用、农业用水区	小花干区间	黄河干流	43
	黄河郑州、新乡饮用、工业用水区			2

7.1.4.2　评价基本要求

1. 评价范围

在 28 个二级水功能区中，沁河沁阳排污控制区、丹河博爱沁阳排污控制区、新蟒河孟州排污控制区以及老蟒河孟州温县排污控制区 4 个水功能区无水质目标，不参与达标评价；大沙河焦作市饮用水源区、大狮涝河修武县农业用水区以及大狮涝河修武县排污控制区 3 个水功能区现状年全年断流，也无法对其进行达标评价。因此，水功能区达标评价范围为除 3 个断流和 4 个没有水质目标外的共 21 个水功能区。

2. 评价标准

评价标准为《地表水环境质量标准》(GB 3838—2002)。

3. 评价项目

全指标评价项目包括：pH、溶解氧、高锰酸盐指数、化学需氧量、五日生化需氧量、氨氮、总磷、总氮（湖库）、铜、锌、氟化物、硒、砷、汞、镉、六价铬、铅、氰化物、挥发酚、阴离子表面活性剂、硫化物共 21 个基本项目。饮用水源区增加氯化物、硫酸盐、硝酸盐氮、铁和锰 5 项。

纳污红线考核双因子评价项目为氨氮、化学需氧量或高锰酸盐指数（当化学需氧量浓度小于 30 mg/L 时，采用高锰酸盐指数进行评价）。

4. 评价方法

单次水功能区达标评价依据《地表水资源质量评价技术规程》(SL

395—2007)中的相关规定进行。水情或年度水功能区达标评价应在各水功能区单次达标评价成果基础上进行。在评价年度内或水情期内，达标率大于(含等于)80%的水功能区为年度或水情期达标水功能区。

7.1.4.3　水功能区达标状况

焦作市共 21 个二级水功能区参与达标评价，评价河长 291.1 km。全因子评价，共 8 个水功能区年度达标，个数达标比例为 38.1%，达标河长 143 km，占评价河长的 49.1%；纳污红线考核双因子与全因子达标评价结果一致。

海河流域共涉及 7 个二级水功能区参与达标评价，评价河长 68 km。全因子和考核双因子达标评价结果均为 7 个水功能区年度不达标。

黄河流域共 14 个水功能区参与达标评价，评价河长 223.1 km。全因子评价，共 8 个水功能区年度达标，个数达标比例为 57.1%，达标河长 143 km，占评价河长的 64.1%；纳污红线考核双因子与全因子达标评价结果一致。

焦作市水功能区现状达标评价成果见表 7-7、表 7-8。

表 7-7　焦作市水功能区达标评价统计成果

流域	流域三级分区	个数达标评价			河流长度达标评价		
		评价数	达标数	个数达标比例(%)	评价河长(km)	达标河长(km)	河长达标比例(%)
海河流域	漳卫河山丘区						
	漳卫河平原	7			68		
	小计	7			68		
黄河流域	沁丹河	8	6	75.0	123	98	79.7
	小花干区间	6	2	33.3	100.1	45	45.0
	小计	14	8	57.1	223.1	143	64.1
总计		21	8	38.1	291.1	143	49.1

表 7-8　焦作市水功能区达标评价成果

（单位：km）

一级功能区名称	二级功能区名称	水资源三级区	河流	水质代表站	代表河长	水质现状	水质目标	是否达标
大沙河焦作市开发利用区	大沙河焦作市饮用水源区	卫河山丘区	大沙河	群英水库坝上	25.5	断流	Ⅲ	
	大沙河焦作市排污控制区	漳卫河平原	大沙河	焦博公路桥	7	劣Ⅴ	Ⅴ	不达标
	大沙河焦作市农业用水区			博修县界	6	劣Ⅴ	Ⅴ	不达标
	大沙河博爱县排污控制区			保丰寨	3	劣Ⅴ	Ⅴ	不达标
	大沙河修武县农业用水区			高村乡北组近	12	劣Ⅴ	Ⅴ	不达标
	大沙河修武县排污控制区			官司桥	20.5	劣Ⅴ	Ⅴ	不达标
新河焦作市开发利用区	新河焦作市景观娱乐用水区	漳卫河平原	新河	张建屯村	10.5	劣Ⅴ	Ⅳ	不达标
	新河焦作市排污控制区			入大沙河口	9	劣Ⅴ	Ⅴ	不达标
大狮涝河焦作市开发利用区	大狮涝河修武县农业用水区	漳卫河平原	大狮涝河	王屯乡习村	19.1	断流	Ⅳ	
	大狮涝河修武县排污控制区			万箱铺闸	11.5	断流	Ⅴ	
沁河济源焦作开发利用区	沁河济源沁阳农业用水区	沁丹河区	沁河	市界	19	Ⅱ	Ⅳ	达标
	沁河沁阳排污控制区			孝敬	14	Ⅲ		
	沁河沁阳武陟过渡区			武陟县王顺	16	Ⅱ	Ⅳ	达标
	沁河武陟农业用水区			武陟县小董	4.7	Ⅱ	Ⅳ	达标
	沁河武陟过渡区			入黄河口	26.8	Ⅱ	Ⅳ	达标

续表 7-8

一级功能区名称	二级功能区名称	水资源三级区	河流	水质代表站	代表河长	水质现状	水质目标	是否达标
丹河晋豫自然保护区	丹河晋豫自然保护区	沁丹河区	丹河	青天河坝址	4.5	Ⅲ	Ⅲ	达标
丹河焦作开发利用区	丹河博爱饮用水源区	沁丹河区	丹河	焦克公路桥	27	Ⅱ	Ⅲ	达标
	丹河博爱沁阳排污控制区			玉皇庙	8	Ⅴ		
	丹河博爱沁阳过渡区			入沁河口	7	Ⅴ	Ⅳ	不达标
老蟒河焦作开发利用区	老蟒河孟州温县排污控制区	沁丹河区	老蟒河	武陟大封	53.5	劣Ⅴ		
	老蟒河武陟过渡区			入沁河口	18	劣Ⅴ	Ⅴ	不达标
蟒河济源焦作开发利用区	蟒河济源过渡区	小花干区间	蟒河	南官庄	5.5	劣Ⅴ	Ⅴ	不达标
	蟒河孟州农业用水区			谷旦闸	6.8	Ⅴ	Ⅳ	不达标
蟒改河孟州开发利用区	蟒改河孟州农业用水区	小花干区间	蟒改河	南庄镇	17	劣Ⅴ	Ⅴ	不达标
新蟒河焦作开发利用区	新蟒河孟州排污控制区	小花干区间	新蟒河	赵马	5.3	劣Ⅴ		
	新蟒河温县过渡区			阎庄	25.8	劣Ⅴ	Ⅴ	不达标
黄河河南开发利用区	黄河焦作饮用农业用水区	小花干区间	黄河干流	小浪底坝下孟津大桥	43	Ⅱ	Ⅲ	达标
	黄河郑州、新乡饮用工业用水区			花园口	2	Ⅱ	Ⅲ	达标

7.1.5　饮用水水源地水质现状及合格评价

7.1.5.1　评价基本要求

1. 评价范围

对列入《全国重要饮用水水源地名录(2016 年)》的地表水饮用水水源地、县城和县以上城市的地表水集中式饮用水水源地以及人口 10 万人及以上或供水量 10 万 m^3/d 及以上的乡(镇)地表水集中式饮用水水源地现状水质进行评价。本次评价涉及焦作市 2 个地表水饮用水水源地,分别为博爱县丹河后寨水源地和修武县水务公司水源地。

2. 评价方法

饮用水水源地水质监测包括基本项目和补充项目,基本项目符合《地表水环境质量标准》(GB 3838—2002)中Ⅲ类限值要求,同时补充项目符合标准限值要求时,为单次水质合格水源地。年度水质合格率大于或等于 80%的饮用水水源地为年度水质合格水源地。

7.1.5.2　水源地水质状况

博爱县丹河后寨水源地全年期水质监测 12 次,其中Ⅱ类水质 4 次,Ⅲ类水质 8 次,基本项目合格次数 12 次,补充项目合格次数 7 次,全年综合评价合格次数 7 次,水质合格率为 58.3%,主要超标项目为硫酸盐。硫酸盐超标主要是水源地监测断面以上白水河汇入导致。

修武县水务公司水源地全年期水质监测 4 次,其中Ⅰ类水质 1 次,Ⅱ类水质 3 次,基本项目合格次数 4 次,补充项目合格次数 4 次,全年综合评价合格次数 4 次,水质合格率为 100%。

饮用水水源地水质评价统计成果见 7-9。

表 7-9　地表水集中式饮用水水源地水质评价统计成果

流域	水源地名称	主要超标项目	水源地是否合格	年供水量(万 m^3)	年合格供水量(万 m^3)
黄河	博爱县丹河后寨水源地	硫酸盐	否	1 080	630
海河	修武县水务公司水源地	无	是	456	456

7.1.6　地表水水质变化趋势分析

7.1.6.1　评价基本要求

1. 评价范围

地表水质量变化趋势分析主要是对 2000~2016 年有连续监测数据的河湖水体进行水质变化分析。根据资料情况，本次主要对大沙河、新蟒河、沁河 3 条有连续水质监测数据的河流进行变化趋势分析。

2. 分析方法

分析 2000~2016 年主要河流水质项目浓度值的年际变化，运用 kendall 检验法进行水质变化趋势分析。在对年度水质类别进行评价时，评价项目为高锰酸盐指数、化学需氧量、氨氮和总磷。

7.1.6.2　趋势变化分析

大沙河以官司桥水质监测站为代表分析站。官司桥水质监测站高锰酸盐指数浓度呈下降趋势，化学需氧量浓度呈下降趋势，氨氮浓度呈下降趋势，总磷浓度均无明显升降趋势，见图 7-3。

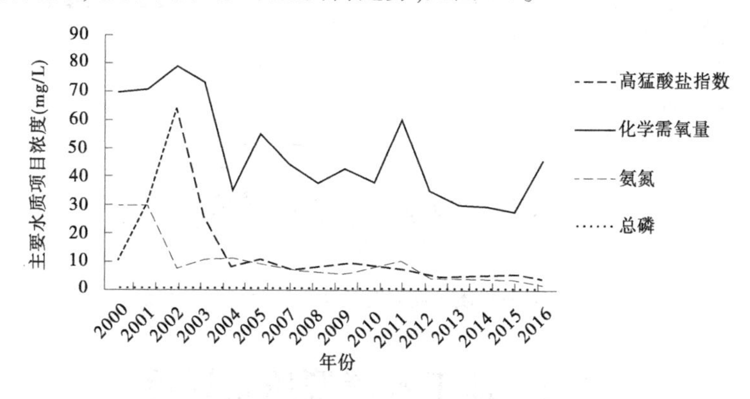

图 7-3　官司桥水质监测站主要水质项目浓度变化趋势

沁河以渠首水质监测站为代表分析站。渠首水质监测站高锰酸盐指数浓度呈下降趋势，化学需氧量浓度呈下降趋势，氨氮浓度呈下降趋势，总磷浓度均无明显升降趋势，见图 7-4。

蟒河以阎庄水质监测站为代表分析站。阎庄水质监测站高锰酸盐

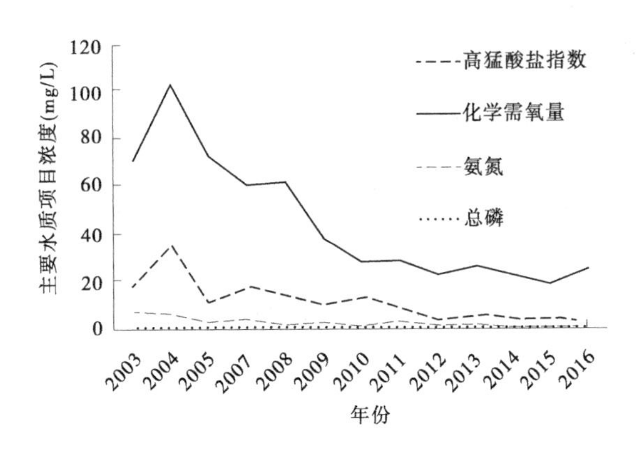

图 7-4　渠首水质监测站主要水质项目浓度变化趋势

指数浓度呈下降趋势,化学需氧量浓度呈下降趋势,氨氮浓度呈下降趋势,总磷浓度均无明显升降趋势,见图 7-5。

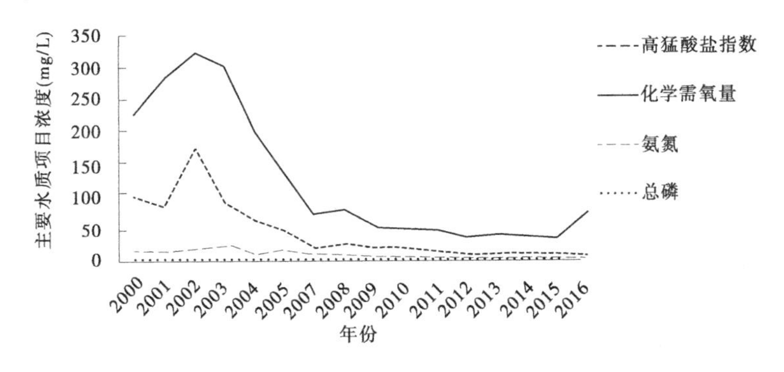

图 7-5　阎庄水质监测站主要水质项目浓度变化趋势

7.2　地下水资源质量评价

地下水资源质量评价内容包括天然水化学特征分析、地下水现状水质评价和地下水饮用水水源地水质评价 3 部分内容。本次评价除地下水饮用水水源地外,评价对象均为焦作市平原区浅层地下水。

地下水资源质量评价以 2016 年为现状评价年,采用国家地下水监测工程(水利部分)地下水质监测资料作为评价依据,以流域三级区套县级行政区作为基本评价单元。

7.2.1 地下水天然水化学特征

7.2.1.1 评价项目和评价方法

地下水天然水化学类型评价项目包括:钾、钠、钙、镁、总硬度、矿化度、碳酸根、重碳酸根、硫酸盐、氯化物(氯离子)、pH,共计11个项目。

地下水天然水化学类型采用舒卡列夫分类法进行评价。舒卡列夫分类是根据地下水中6种主要离子(Na^+、Ca^{2+}、Mg^{2+}、HCO_3^-、SO_4^{2-}、Cl^-,K^+合并于Na^+)含量及矿化度进行类型划分的。具体步骤如下:

第一步,根据水质分析结果,将6种主要离子中含量大于25%毫克当量的阴离子和阳离子进行组合,组合出49型水,并将每型用一个阿拉伯数字作为代号。

第二步,按矿化度M的大小划分为4组:A组,$M \leqslant 1.5$ g/L;B组,1.5 g/L$<M \leqslant 10$ g/L;C组,10 g/L$<M \leqslant 40$ g/L;D组,$M>40$ g/L。

第三步,将地下水化学类型用阿拉伯数字(1~49)与字母(A、B、C或D)组合在一起的表达式表示。例如,1-A型,表示矿化度M不大于1.5 g/L的HCO_3-Ca型水,沉积岩地区典型的溶滤水;49-D型,表示矿化度大于40 g/L的Cl-Na型水。舒卡列夫分类见表7-10。

表7-10 舒卡列夫分类图表

超过25%毫克当量的离子	HCO_3^-	HCO_3+SO_4	HCO_3+SO_4+Cl	HCO_3+Cl	SO_4	SO_4+Cl	Cl
Ca	1	8	15	22	29	36	43
Ca+Mg	2	9	16	23	30	37	44
Mg	3	10	17	24	31	38	45
Na+Ca	4	11	18	25	32	39	46
Na+Ca+Mg	5	12	19	26	33	40	47
Na+Mg	6	13	20	27	34	41	48
Na	7	14	21	28	35	42	49

7.2.1.2　地下水水化学类型

依据舒卡列夫分类法对焦作市平原区 24 眼地下水质监测井进行水化学分类。从分类的统计结果看：HCO_3-Ca · Mg 型和 HCO_3-Na · Ca · Mg 型最多，其次为 HCO_3 · SO_4-Na · Ca · Mg 型。从阴离子看：HCO_3 型和 HCO_3 · SO_4 型较多；从阳离子看，Na · Ca · Mg 型较多。全市平原区浅层地下水天然化学类型以 HCO_3-Ca · Mg 和 HCO_3-Na · Ca · Mg 型为主。焦作市平原区浅层地下水天然水化学类型评价成果见表 7-11。

表 7-11　焦作市平原区浅层地下水水化学类型评价成果

监测井	行政区	流域三级区	矿化度	地下水化学类型
国豫焦博爱 1 号	博爱县	漳卫河平原	811	8-A
国豫焦博爱 3 号			627	12-A
国豫焦博爱 5 号			1 251	11-A
国豫焦解放 1 号	解放区	漳卫河平原	453	2-A
国豫焦孟州 1 号	孟州市	小花干区间	523	2-A
国豫焦孟州 3 号			623	2-A
国豫焦孟州 6 号			432	5-A
国豫焦沁阳 5 号	沁阳市	沁丹河	3 651	41-B
国豫焦沁阳 8 号			883	12-A
国豫焦沁阳 9 号			534	5-A
国豫焦新区 2 号	山阳区	漳卫河平原	1 157	20-A
国豫焦新区 1 号	示范区	漳卫河平原	2 837	30-B
国豫焦新区 3 号			366	9-A
国豫焦温县 2 号	温县	沁丹河	1 353	19-A
国豫焦温县 5 号			607	13-A
国豫焦温县 8 号			849	9-A

续表 7-11

监测井	行政区	流域三级区	矿化度	地下水化学类型
国豫焦武陟2号	武陟县	沁丹河	336	5-A
国豫焦武陟6号		漳卫河平原	742	5-A
国豫焦武陟8号		漳卫河平原	805	4-A
国豫焦武陟14号		沁丹河	734	11-A
国豫焦修武1号	修武县	漳卫河平原	1 861	40-B
国豫焦修武2号			665	2-A
国豫焦修武4号			1 056	39-A
国豫焦新区4号	中站区	漳卫河平原	457	12-A

7.2.2 地下水现状水质评价

7.2.2.1 评价基本要求

1. 评价范围

地下水现状水质类别评价共采用焦作市平原区64眼浅层地下水监测井现状年水质监测资料,涉及黄河、海河两大流域,其中黄河流域34眼,海河流域30眼。按行政统计,武陟县最多,共16眼,其次为温县13眼,解放区和山阳区最少,各1眼。

2. 评价标准

地下水水质类别评价采用《地下水质量标准》(GB/T 14848—2017)。

3. 评价内容和评价方法

地下水水质类别评价项目包括:酸碱度、总硬度、溶解性总固体、硫酸盐、氯化物、铁、锰、挥发性酚类、耗氧量、氨氮、亚硝酸盐、硝酸盐、氰化物、氟化物、砷、汞、镉、铬(六价)共计18个项目。

采用单指标评价法,即最差的项目赋全权,又称为一票否决法来确定地下水水质类别。单井各评价指标的全年代表值分别采用其年内多次监测值的算术平均值。

7.2.2.2 单项及综合评价

根据水质监测井各监测项目的监测值，依照《地下水质量标准》(GB/T 14848—2017)确定其水质类别，然后按照超Ⅲ类水质标准进行评价，并按流域分区和行政区进行统计、分析。

1. 单项目评价

从地下水质单项目监测结果来看，在18个监测项目中，挥发性酚类、耗氧量、亚硝酸盐、氰化物、汞、砷、铬(六价)7个项目均未超过Ⅲ类水质标准，其余项目按超Ⅲ类水质标准个数百分比由高到低依次为：总硬度、硫酸盐、溶解性总固体、铁、氟化物、锰、硝酸盐、氨氮、氯化物、酸碱度、镉。

2. 综合评价

从地下水质综合评价结果来看，在64眼地下水水质监测井中，Ⅱ类水质有2眼，占比3.1%；Ⅲ类水质有9眼，占比14.1%；Ⅳ类水质有32眼，占比50.0%；Ⅴ类水质有21眼，占比32.8%。全市超Ⅲ类水质标准监测井共计53眼，占比82.8%。总体来看，焦作市平原区浅层地下水水质较差，达标率较低。

流域分区中，黄河流域的沁丹河区浅层地下水超Ⅲ类水质标准井数占比最高，为92.6%，水质最差；小浪底至花园口区间浅层地下水超Ⅲ类水质标准井数占比为57.8%；海河流域的漳卫河平原区浅层地下水超Ⅲ类水质标准井数占比为80.0%，水质也较差。各行政分区中，沁阳市、博爱县、解放区、山阳区和示范区超Ⅲ类水质标准监测井占比均为100%，水质较差。孟州市超Ⅲ类水质标准监测井占比相对较低为50%。流域、行政分区地下水超Ⅲ类水质标准占比情况见图7-6、图7-7。地下水水质综合评价统计成果见表7-12。

7.2.3 饮用水水源地现状水质评价

7.2.3.1 评价范围和方法

本次评价涉及4个焦作市地下水饮用水水源地，分别是峰林水厂闫河地下水饮用水水源地、太行水厂周庄地下水饮用水水源地、新城水厂东小庄地下水饮用水水源地和中站水厂李封地下水饮用水水源地。

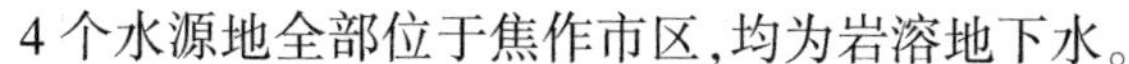
4个水源地全部位于焦作市区,均为岩溶地下水。

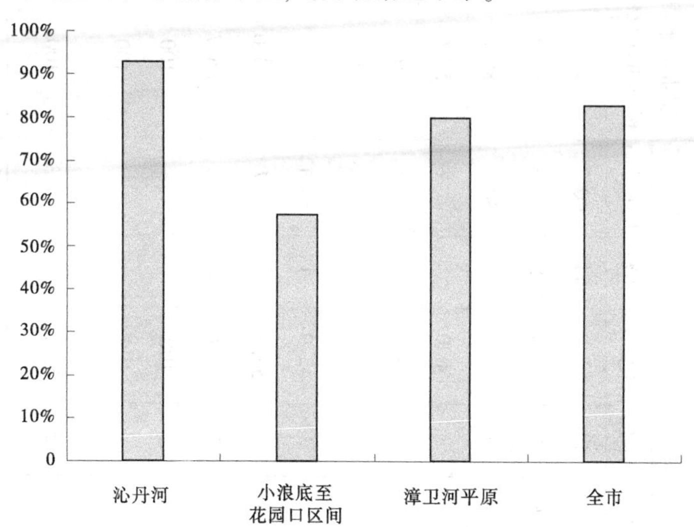

图7-6　流域分区地下水超Ⅲ类水质标准占比

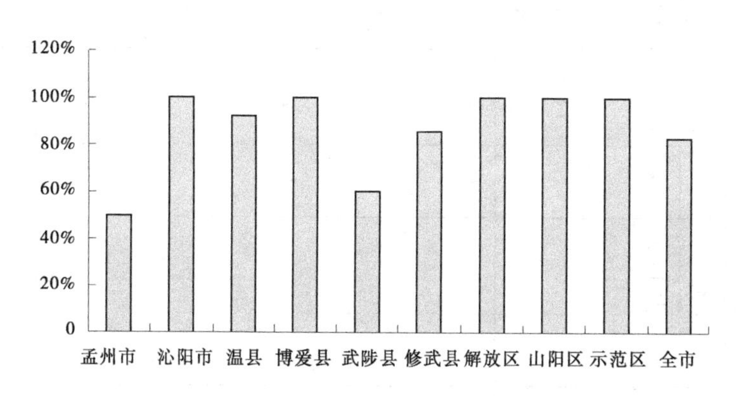

图7-7　行政分区地下水超Ⅲ类水质标准占比

地下水饮用水水源地单井现状水质评价方法与地下水水质现状评价方法相同。当地下水水源地内只有一眼水质监测井时,将单井的水质类别作为地下水水源地的水质类别;当地下水水源地有2眼或2眼以上地下水水质监测井时,将各监测井中最差水质类别作为地下水水

表 7-12　焦作市平原区浅层地下水质综合评价统计成果

流域/行政分区	监测井数	Ⅰ类		Ⅱ类		Ⅲ类		Ⅳ类		Ⅴ类		超Ⅲ类水质标准占比(%)
		井数	占比(%)	井数	占比(%)	井数	占比(%)	井数	占比(%)	井数	占比(%)	
沁丹河	27					2	7.4	14	51.9	11	40.7	92.6
小浪底至花园口区间	7			1	14.3	2	28.6	3	42.9	1	14.3	57.1
漳卫河平原区	30			1	3.3	5	16.7	15	50.0	9	30.0	80.0
孟州市	6			1	16.7	2	33.3	3	50.0			50.0
沁阳市	11						0	4	36.4	7	63.6	100
温县	13					1	7.7	8	61.5	4	30.8	92.3
博爱县	7							3	42.9	4	57.1	100
武陟县	15			1	6.7	5	33.3	8	53.3	1	6.7	60.0
修武县	7					1	14.3	2	28.6	4	57.1	85.7
解放区	1							1	100			100
山阳区	1							1	100			100
城乡一体化示范区	3							2	66.7	1	33.3	100
全市	64			2	3.1	9	14.1	32	50.0	21	32.8	82.8

源地的水质类别。各监测井监测值超过现行标准中的Ⅲ类标准限值的指标均为水源地的超标指标。水质类别为Ⅰ～Ⅲ类的水源地称为水质达标水源地。

7.2.3.2 水质状况

4个地下水饮用水水源地日供水能力合计27.0万 m^3，现状年实际供水量5 532万 m^3，地下水水质类别均为Ⅲ类，水质达标。评价成果见表7-13。

表7-13 地下水饮用水水源地水质评价统计成果

水源地名称	水资源分区	行政分区	地下水类型	日供水能力（万 m^3）	2016年实际开采量（万 m^3）	受水区	水质类别
太行水厂周庄地下水饮用水水源地	漳卫河山区	山阳区	岩溶水	6.0	1 187	焦作城区	Ⅲ
中站水厂李封地下水饮用水水源地		中站区		2.5	477		Ⅲ
新城水厂东小庄地下水饮用水水源地		解放区		12.0	2 618		Ⅲ
峰林水厂闫河地下水饮用水水源地		解放区		6.5	1 250		Ⅲ

7.3 水资源保护对策及措施

近年来，随着社会经济的快速发展，水资源短缺及水污染严重已成为制约经济社会可持续发展的关键性因素，水污染导致水功能丧失，水环境恶化，“水质型”缺水正在成为焦作市面临的一个严重问题。从本次焦作市水资源质量评价结果来看，焦作市地表水整体水质状况较差，水体污染形式不容乐观，尤其是海河流域，除断流河段外，其余河流几乎全部为Ⅴ类或劣Ⅴ类水质。黄河流域的蟒河也由于区域排污较多而造成水体污染严重，常年为Ⅴ类或劣Ⅴ类水质。由于地表水和浅层地下水的密切联系,地表水体的污染也间接导致了浅层地下水的污染。农药、化肥的不合理施用,其大量残留物滞留在土壤中,随着降水的淋溶作用渗入地下也是造成浅层地下水污染的主要原因。针对水污染状况,提出如下对策和措施。

7.3.1 加大宣传力度,使水资源保护工作家喻户晓

水资源质量的优劣直接关系到社会经济的可持续发展、人居环境的改善以及人民生活用水的安全,影响到人民群众的身心健康。水资源保护不仅是政府和主管部门的大事,更要依靠全社会各行各业,全民动员。要通过媒体大力宣传,做到家喻户晓,人人参与,使我们的社会养成爱护环境的良好风尚。

7.3.2 加强法制管理,控制水质污染

水行政主管部门和环境保护部门要根据《中华人民共和国水法》《中华人民共和国环境保护法》《中华人民共和国水污染防治法》等法律,对水资源质量进行保护,使水资源保护管理工作步入法制轨道,加强对地下水水质保护的科研工作,制订地下水保护规划和保护条例等,强化地下水的保护工作。

7.3.3 有效控制入河污染物排放总量

针对水功能区划的要求,影响水体功能的排污城镇要按规划的期限削减排污量,达到总量控制的要求,同时加大城市污水处理能力,贯彻“污染者负担”的原则,使排污与治理相协调。对农村污水的无序排放,着重抓好乡镇企业治理,有害污水不得任意排入河道,否则应按国家现定的关、停、并、转处理;对集中养殖的禽畜应实行生物治理措施,化害为利,同时大力宣传科学合理施用农药、化肥,尽量使污染降低至最低限度。

7.3.4 大力开展节约用水

节水是水资源保护的重要环节。农业节水和控污潜力很大,应逐

步调整农业种植结构、实行节水灌溉、提高灌溉用水的有效利用系数。工业节水从调整产业结构、设备更新和提高用水重复利用率等方面,加强内部管理,增加废水处理和回用设施,改善生产工艺和生产设备,减少高耗水产业。城镇生活用水,随着城市化步伐的加快,用水量逐年增加,在大中城市应推广节水器具,大力开展节水宣传,提高人民群众节约用水的自觉性。

7.3.5 强化水资源保护监督体系

强化监督是实现水资源保护的重要手段。要提高监督管理的职能与措施,落实水资源保护经费,加强省、市、县三级水资源保护监督管理体系的建设,提高监测监控水平,正确和有效行使国家赋予的水资源保护职能。加快水资源保护监测和管理现代化、信息化的建设进程,重点加强省及各市水环境监测中心、重点水域水质自动监测、应急监测以及水质预警、预报和水环境信息系统的建设,使监督体系全面、快速、及时、有效。

第 8 章　水资源开发利用

水资源开发利用评价主要是调查收集区域内历年统计年鉴、水资源公报以及水中长期规划成果，通过分析整理与用水密切关联的主要经济社会指标，评价焦作市流域和行政分区现状年(2016 年)供水量、用水量及用水消耗情况，分析供、用水量的组成情况以及评价期(2010~2016 年)的变化趋势。评价采用的资料系列为 2010~2016 年共 7 年。

8.1　社会经济发展指标

收集统计与用水密切关联的经济社会发展指标，是分析区域用水水平的基础。社会经济发展指标主要包括常住人口、地区生产总值(GDP)、工业增加值、耕地面积、灌溉面积、粮食产量、鱼塘补水面积以及牲畜数量等。

8.1.1　常住人口及城镇化率

常住人口指在统计范围内的城镇或乡村常住半年以上的人口。2010 年以来，焦作市常住人口维持在 350 万人左右，2016 年最多，为 354.6 万人。全市城镇化发展水平逐年提升，常住人口城镇化率由 2010 年的 47.1%提升到 2016 年的 56.5%，平均每年提升 1.3%。

从行政分区来看，焦作市区常住人口最多且呈现持续增长的特点，其常住人口由 2010 年的 86.6 万人增加到 2016 年的 102.9 万人，城镇化率维持在 75%以上，且呈现持续增长的特点。市区常住人口增加较多一方面是由于 2012 年行政区划调整，将部分县(市)、乡(镇)纳入城乡一体化示范区，导致市区常住人口增加较多；另一方面也是其经济发展水平相对较好，由此形成对人口的虹吸效应。其他各行政分区常住人口维持在 25 万~66 万人。在城镇化率方面，武陟县城镇化率最低，截止到 2016 年,其城镇化率仅为 40.3%,小于全市平均水平。

8.1.2　GDP 及工业增加值

地区生产总值(GDP)指按市场价格计算的统计范围内所有常住单位在一定时期内生产活动的最终成果,为所有常住单位的增加值之和。工业增加值是指统计范围内工业行业在一定时期内以货币表现的工业生产活动的最终成果,是企业生产过程中新增加的价值。这两个指标是一个国家或地区经济发展状况的直接体现。

焦作市 GDP(当年价)由 2010 年的 1 245.9 亿元增加到 2016 年的 2 095.1 亿元,年均增长率为 9.7%;人均 GDP 由 2010 年的 3.5 万元增加到 2016 年的 5.9 万元,年均增长率为 9.7%;工业增加值(当年价)由 2010 年的 804.2 亿元增加到 2016 年 1 160.6 亿元,年均增长率为 6.3%。

从各行政区来看,焦作市区 GDP 最高,其 GDP 占全市的比例维持在 20%以上,其他行政区 GDP 占全市比例为 8%~19%。各行政区工业增加值情况与 GDP 类似但又呈现不同的特点。2014 年之前,市区工业增加值最大,占全市工业增加值的比重在 20%以上。2014 年之后,市区工业增加值有较大幅度下降,占全市工业增加值的比重不到 15%。分析其原因可知,焦作市工业体系较好,但煤化工、电解铝等高耗能、高污染产业所占比重一直较大,2014 年开始,随着国家产业结构的优化调整和污染防治攻坚战等一系列政策的实施,一些高耗能、高污染工业企业逐渐减产并淘汰,工业增加值受到影响,从全市 2013~2014 年工业增加值出现负增长(-1.6%)也能看出这种特点。虽然短期焦作市经济尤其是工业会受到一定的影响,但从长期来看,这种转型升级有利于经济持续健康的发展。

8.1.3　农业

8.1.3.1　耕地及灌溉面积

评价期(2010~2016 年)内焦作市耕地面积维持在 292.3 万~294.7 万亩,人均耕地面积维持在 0.83 亩左右,变化不大。现状 2016

年，全市耕地面积 292.7 万亩。全市耕地实际灌溉面积由 2010 年的 233.3 万亩增加到 2016 年的 237.5 万亩，增幅 1.8%，呈略微增长趋势。

8.1.3.2　鱼塘补水面积和牲畜数量

评价期内焦作市鱼塘补水面积呈减少趋势，2013 年以前基本维持在 2.3 万亩左右，2014 年以后稳定在 1.4 万亩。大牲畜主要指牛、马、驴、螺，小牲畜主要指猪和羊，不含鸡、鸭等家禽。评价期内大、小牲畜均呈减少趋势，大牲畜由 2010 年的 26.3 万头减少到 2016 年的 8.4 万头，农业机械化程度的提高，普遍不再使用大牲畜耕种是其减少的一个重要原因；小牲畜由 2010 年的 189.8 万头减少到 2016 年 160.2 万头，农村人居环境的治理和家庭散养的逐渐消失是其减少的原因。

评价期内焦作市主要社会经济发展指标情况见表 8-1。主要指标变化趋势见图 8-1～图 8-3。现状 2016 年各行政区社会经济发展指标见表 8-2。

表 8-1　2010～2016 年焦作市主要社会经济发展指标

年份	2010	2011	2012	2013	2014	2015	2016
城镇人口(万人)	166.7	172.1	178.5	182.8	187.8	194.1	200.2
农村人口(万人)	187.6	180.6	173.5	168.6	164.5	159.3	154.5
常住人口总数(万人)	354.3	352.7	352.0	351.4	352.3	353.4	354.6
GDP(亿元)	1 245.9	1 442.6	1 551.4	1 707.4	1 844.3	1 926.1	2 095.1
工业增加值(亿元)	804.2	936.4	984.4	1 083.6	1 066.5	1 076.8	1 160.6
耕地面积(万亩)	294.7	292.9	293.5	293.0	292.8	292.3	292.7
实际耕地灌溉面积(万亩)	233.3	234.3	234.7	235.8	234.4	236.6	237.5
林果地实际灌溉面积(万亩)	13.1	12.6	16.7	15.5	15.5	21.2	22.4
鱼塘补水面积(万亩)	2.3	2.3	2.3	2.0	1.4	1.4	1.4
大牲畜数量(万头)	26.3	24.9	23.8	24.8	19.5	12.5	8.4
小牲畜数量(万头)	189.8	191.7	195.4	193.5	184.5	179.8	160.2

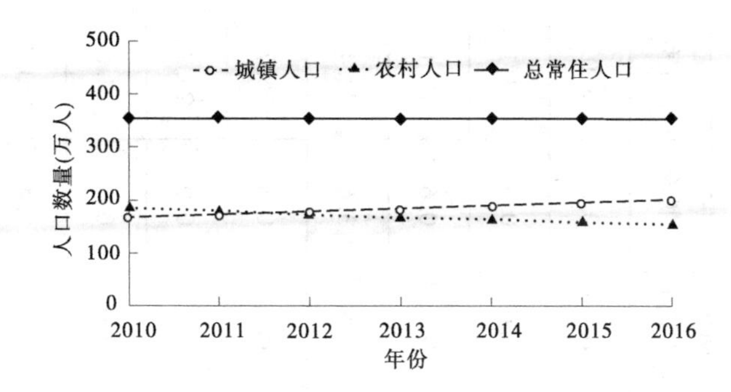

图 8-1　2010~2016 年常住人口变化趋势

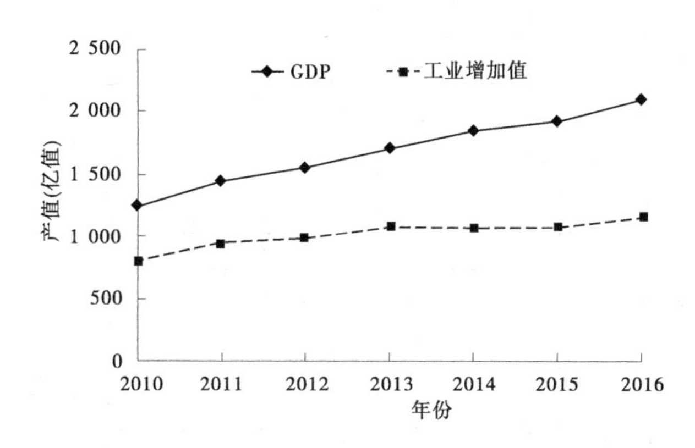

图 8-2　2010~2016 年 GDP 及工业增加值变化趋势

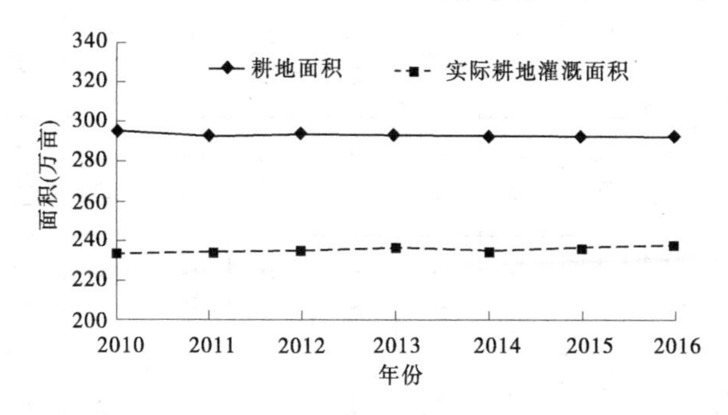

图 8-3　2010~2016 年耕地及灌溉面积变化趋势

表 8-2　焦作市各行政区 2016 年社会经济发展指标

行政区	常住人口(万人)			GDP(亿元)	工业增加值(亿元)	耕地面积(万亩)	实际灌溉面积(万亩)		鱼塘补水面积(万亩)	牲畜数量(万头)	
	城镇	乡村	合计				耕地	林果地		大牲畜	小牲畜
焦作市区	78.7	24.2	102.9	473.6	172.3	24.8	14.6	0.6	0.1	0.8	8.0
修武县	12.2	13.1	25.3	124.7	60.1	34.0	27.6	1.2	0.0	0.9	13.1
博爱县	19.4	18.1	37.6	240.9	151.9	31.4	28.1	1.7	0.0	0.6	19.1
武陟县	26.7	39.4	66.1	318.0	175.5	67.5	59.1	5.9	0.8	3.6	42.4
温县	19.6	22.3	41.9	263.3	152.0	46.6	38.2	10.4	0.1	0.8	26.7
孟州市	17.7	19.4	37.1	294.3	200.5	42.9	33.0	2.2	0.3	0.9	23.2
沁阳市	25.9	17.9	43.8	380.4	247.6	45.6	37.0	0.5	0.0	0.8	27.6
全市合计	200.2	154.4	354.6	2 095.1	1 160.6	292.7	237.5	22.4	1.4	8.4	160.2

8.2　供水量

供水量是指各种水源为河道外取用水户提供的包括输水损失在内的水量之和，按受水区统计。在受水区内，按取水水源分为地表水源供水量、地下水源供水量和其他水源供水量 3 种类型统计。

地表水源供水量按蓄、引、提、调 4 种形式统计，为避免重复统计，规定从水库、塘坝中引水或提水的，均属蓄水工程供水量；从河道或湖泊中自流引水的，无论有闸或无闸，均属引水工程供水量；利用扬水站从河道或湖泊中直接取水的，属提水工程供水量；跨流域调水是指无天然河流联系的独立流域之间的调配水量，不包括在蓄、引、提水量中。

地下水源供水量指水井工程的开采量，按浅层淡水和深层承压水分别统计。浅层淡水指埋藏相对较浅，与当地大气降水和地表水体有直接水力联系的潜水(淡水)以及与潜水有密切联系的承压水，是容易更新的地下水。深层承压水是指地质时期形成的地下水，埋藏相对较深，与当地大气降水和地表水体没有密切水力联系且难以补给更新的承压水。

其他水源供水量包括污水处理回用、集雨工程利用、微咸水利用、海水淡化的供水量。污水处理回用量指经过城市污水处理厂集中处理后的直接回用水量，不包括企业内部废污水处理的重复利用量；集雨工程利用量指通过修建集雨场地和微型蓄雨工程(水窖、水柜等)取得的供水量；微咸水利用量指矿化度为 2~5 g/L 的地下水利用量；海水淡化供水量指海水经过淡化设施处理后供给的水量。

8.2.1　现状年供水量及其构成

焦作市 2016 年实际供水量 13.523 5 亿 m^3，按供水水源分类，地表水源供水量 5.926 8 亿 m^3，地下水源供水量 7.596 7 亿 m^3，分别占总供水量的 43.8% 和 56.2%。在地表水源供水量中，蓄水工程供水量 0.861 0 亿 m^3，占总供水量的 6.4%，主要为北部山区和孟州市丘陵区的中小型水库供水，以供给农田灌溉和工业用水为主；引水工程供水量

3.804 2 亿 m^3，占总供水量的 28.1%，主要为引黄、引沁、引丹水量；跨流域调水量 1.097 4 亿 m^3，占总供水量的 8.1%，跨流域调水全部为黄河流域水源调往海河流域，包括丹东灌区引水、人民胜利渠灌区引水、武嘉灌区引水、白马泉灌区引水等，主要用于海河流域农业灌溉和少部分生活用水（丹东灌区引水部分用于博爱县城区生活用水）；提水工程供水量 0.164 2 亿 m^3，占总供水量的 1.2%；地下水供水水源主要为浅层地下水和岩溶地下水，根据其补径排特点，统归为浅层地下水。

2016 年焦作供水结构主要以开采浅层地下水为主，其次为引水工程供水量，二者合计供水量占全市供水总量的 84.3%，跨流域调水也是全市供水总量的一个重要补充，蓄水工程和提水工程供水量相对较少，供水结构呈现以地下水源为主，地表水源次之，跨流域调水补充的供水格局。焦作市 2016 年供水结构见图 8-4。

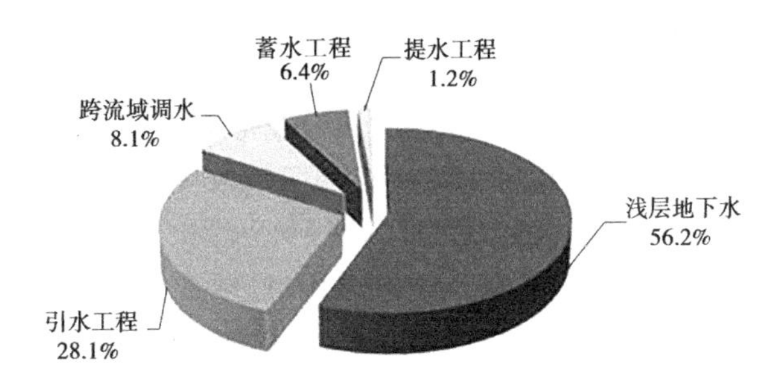

图 8-4　焦作市 2016 年供水结构

8.2.1.1　行政分区供水量与构成

各行政区中，武陟县、温县和沁阳市 2016 年供水量超过 2 亿 m^3，其中武陟县供水量最多，为 2.896 0 亿 m^3，占全市供水总量的 21.4%；修武县供水量最少，为 1.281 5 亿 m^3，占全市供水总量的比重不到 10%；焦作市区、博爱县和孟州市供水量在 1.6 亿~1.9 亿 m^3。

从各行政区供水结构来看，博爱县和孟州市以地表水源供水为主，地表水源供水量占当地总供水量的比重在 60%以上，这与其拥有较为丰富的引丹和引沁水源条件有关；其他县（区）市均以地下水源供水为主，焦作市区由于拥有丰富的岩溶地下水，对地下水的依赖尤为严重，地下水源供水量占总供水量的比重在80%以上。

8.2.1.2　流域分区供水量与构成

焦作市分属于黄河、海河两大流域，黄河流域2016年供水量为7.689 7亿m^3，占全市总供水量的56.8%；海河流域2016年供水量为5.833 8亿m^3，占全市总供水量的43.2%。从供水结构来看，海河流域供水水源主要以开采地下水和利用流域外调水实现，地下水源供水量占流域供水总量的60.3%，其次为跨流域调入水量供水；黄河流域地下水源供水量占流域供水总量的53.1%，引水工程占流域供水总量的39.3%，黄河流域供水仍是以开采地下水源为主，但地表水源中的引水工程供水量占流域供水总量的比重相对较大，主要是流域内引黄、引沁、引丹水量较多所致。

焦作市现状2016年供水量情况见表8-3。

表 8-3　焦作市 2016 年供水量成果　　（单位：亿m^3）

行政区/流域分区	地表水源供水量					地下水源供水量	总供水量
	蓄水	引水	提水	跨流域调水	小计		
海河流域	0.311 6	0.782 8	0.127 1	1.097 4	2.318 9	3.514 9	5.833 8
黄河流域	0.549 4	3.021 4	0.037 1		3.607 9	4.081 8	7.689 7
焦作市区	0.001 6	0.311 9			0.313 5	1.358 6	1.672 1
修武县	0.192 2	0.176 8	0.127 1		0.496 1	0.785 4	1.281 5
博爱县	0.130 8	0		0.880 0	1.010 8	0.604 2	1.615 0
武陟县		0.860 7		0.217 4	1.078 1	1.817 9	2.896 0
温县		0.850 6			0.850 6	1.231 2	2.081 8
孟州市	0.481 9	0.735 5			1.217 4	0.696 9	1.914 3
沁阳市	0.054 5	0.868 7	0.037 1		0.960 3	1.102 5	2.062 8
合计	0.861 0	3.804 2	0.164 2	1.097 4	5.926 8	7.596 7	13.523 5

8.2.2 供水量变化趋势分析

2010~2016年评价期内,焦作市供水总量除受自然因素和水资源管理新措施实施影响较大的年份(2014年)变幅较大外,总体上变化不大,略微呈上升趋势,年均增长率为0.4%。地表水源工程供水量受当年来水情况以及供水工程设施建设运行情况等因素影响,变化趋势与总供水量基本一致;地下水源供水量主要用于平原区农田灌溉,而农田灌溉用水受降水丰枯年型影响较大,据多年统计资料分析,地下水源供水量变化趋势与农业用水量的变化趋势基本一致。

在地表水源工程中,蓄水工程供水量呈略微上升趋势,引水工程供水量呈减少趋势(2016年引水工程供水量增加与当年降水偏丰有关),这与近年来小浪底水库调水调沙导致黄河河槽下切,造成引黄灌区引水量减少有关;跨流域调水量增加较为明显,主要是由于近年来海河流域缺水现象日益严重,当地水资源已不能满足经济社会发展的需要;提水工程供水量占比很小,评价期内基本变化不大。评价期焦作市各水源工程供水量情况见表8-4。

表8-4　2010~2016年焦作市各水源工程供水量　　(单位:亿 m^3)

年份	地表水源供水量					地下水源供水量	总供水量
	蓄水	引水	提水	跨流域调水	小计		
2010	0.716 9	4.058 8	0.060 7	0.661 7	5.498 1	7.661 2	13.159 4
2011	0.709 0	3.837 3	0.060 7	0.607 5	5.214 5	7.269 7	12.484 2
2012	0.816 6	3.473 4	0.068 7	1.143 3	5.502 0	7.583 1	13.085 1
2013	0.768 7	3.463 9	0.086 4	1.302 0	5.621 0	7.869 3	13.490 3
2014	0.725 1	2.878 3	0.158 5	1.134 0	4.895 9	7.256 2	12.152 1
2015	0.894 8	3.572 6	0.155 9	1.208 7	5.832 0	7.829 8	13.661 8
2016	0.861 0	3.804 2	0.164 2	1.097 4	5.926 8	7.596 7	13.523 5
平均值	0.784 6	3.584 1	0.107 9	1.022 1	5.498 6	7.580 9	13.079 5

8.3　用水量

用水量指各类河道外取用水户取用的包括输水损失在内的水量之和。按用户特性分为农业用水、工业用水、生活用水和人工生态环境补水四大类，同一区域用水量与供水量应相等。

农业用水包括耕地灌溉用水、林果地灌溉用水、草地灌溉用水、渔塘补水和牲畜用水。

工业用水指工矿企业在生产过程中用于制造、加工、冷却、空调、净化、洗涤等方面的新水取用量，包括火(核)电工业用水和非火(核)电工业用水，不包括企业内部的重复利用水量。

生活用水指城镇生活用水和农村生活用水。其中城镇生活用水包括城镇居民生活用水和公共用水(含服务业和建筑业用水)，农村生活用水指农村居民生活用水。

人工生态环境补水包括人工措施供给的城镇环境用水和部分河湖、湿地补水，不包括降水、地面径流自然满足的水量，分为城镇环境用水和河湖补水两大类。城镇环境用水包括绿地灌溉用水和环境卫生清洁用水两部分，其中城镇绿地灌溉用水指在城区和镇区内用于绿化灌溉的水量；环卫清洁用水是指在城区和镇区内用于环境卫生清洁(洒水、冲洗等)的水量。河湖补水量是指以生态保护、修复和建设为目标，通过水利工程补给河流、湖泊、沼泽及湿地等的水量，仅统计人工补水量中消耗于蒸发和渗漏的水量部分。

8.3.1　现状年用水量及其构成

焦作市 2016 年实际用水总量为 13.523 5 亿 m^3，农业用水量 8.588 亿 m^3，占全市用水总量的 63.5%，其中农田灌溉用水量 7.675 亿 m^3，林果地灌溉用水量 0.56 亿 m^3，鱼塘补水量 0.145 亿 m^3，牲畜用水量 0.207 亿 m^3；工业用水量 3.143 亿 m^3，占全市用水总量的 23.2%，其中火电用水量 0.373 亿 m^3，一般工业用水量 2.77 亿 m^3；生活用水量 1.287 亿 m^3，占全市用水总量的 9.5%，其中城镇居民生活和城镇公共用水量 0.95 亿 m^3，农村居民生活用水量 0.337 亿 m^3；生态环境用水量 0.506 亿 m^3，占全市用水总量的 3.7%。

从用水结构来看，农业用水量占全市用水总量的 60%以上，在用水结构中占绝对优势；工业用水量将近占全市用水总量的 1/4；其余是生活用水量和生态环境用水量，生态环境用水量在用水总量中比重相对较小。焦作市 2016 年用水结构见图 8-5。

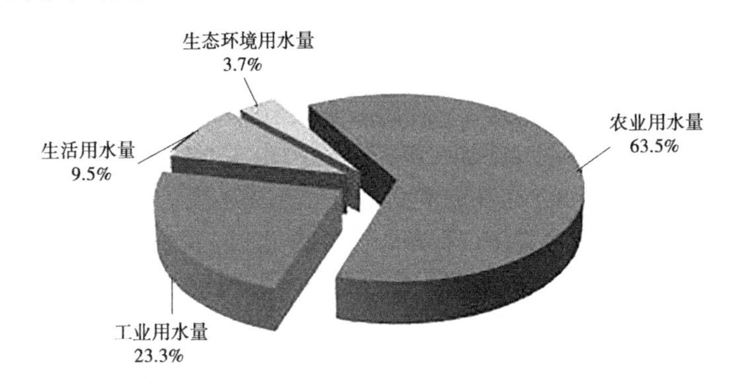

图 8-5　焦作市 2016 年用水结构

8.3.1.1　行政分区用水量及其构成

各行政区由于经济发展水平、人口数量和居民生活水平等方面的不同，用水结构呈现不同的特点。焦作市区由于经济发展水平相对较高，工业基础较好，工业用水量占用水总量的比重最大，达到 35.0%；其次为生活用水量，占用水总量的比重接近 30%。另外，由于近年来不断推进的城市生态环境治理和河湖水系建设，市区生态环境用水量占用水总量的比重相比于其他县（市）明显要大，达到 11.5%，相比之下农业用水量占用水总量的比重不到 24%。

其他行政区的用水结构中农业用水量均占据主要地位，其中武陟县农业用水量占用水总量比重最大，达到 76.3%，孟州市和沁阳市由于工业基础相对较好，其工业用水量占用水总量的比重超过 25%；生活和生态用水量占用水总量的比重各县（市）基本一致，在 10%左右。各行政区 2016 年用水量情况见表 8-5。

表 8-5　焦作市 2016 年用水量情况

（单位：亿 m^3）

县级行政区	农业用水量					工业用水量			生活用水量			生态环境用水量	总用水量
	耕地灌溉	林果地灌溉	鱼塘补水	牲畜用水	小计	火电	一般工业	小计	城镇生活	农村居民生活	小计		
海河流域	3.102 6	0.143 6	0.055 6	0.065 4	3.367 2	0.364 2	1.041 6	1.405 8	0.610 4	0.158 1	0.768 4	0.292 4	5.833 8
黄河流域	4.572 3	0.416 7	0.089 8	0.141 9	5.220 7	0.008 8	1.728 3	1.737 1	0.339 9	0.178 5	0.518 4	0.213 4	7.689 7
焦作市区	0.365 0	0.015 9	0.009 4	0.008 6	0.398 9	0.198 1	0.386 6	0.584 7	0.436 3	0.060 4	0.496 7	0.191 9	1.672 1
修武县	0.853 3	0.031 0	0.004 1	0.005 4	0.893 8	0.130 0	0.132 1	0.262 1	0.055 8	0.028 4	0.084 2	0.041 4	1.281 5
博爱县	0.990 4	0.041 9	0.004 5	0.030 3	1.067 1	0.040 1	0.349 5	0.389 6	0.078 6	0.035 6	0.114 2	0.044 1	1.615 0
武陟县	1.942 8	0.129 6	0.083 7	0.053 1	2.209 3	0	0.457 7	0.457 7	0.104 4	0.082 0	0.186 4	0.042 6	2.896 0
温县	1.192 7	0.270 4	0.013 1	0.036 8	1.513 0	0	0.403 9	0.403 9	0.069 7	0.043 9	0.113 5	0.051 4	2.081 8
孟州市	1.080 9	0.057 5	0.026 3	0.041 3	1.206 0	0	0.486 8	0.486 8	0.098 5	0.047 9	0.146 4	0.075 1	1.914 3
沁阳市	1.249 9	0.013 9	0.004 3	0.031 9	1.300 0	0.004 8	0.553 2	0.558 0	0.107 0	0.038 5	0.145 5	0.059 3	2.062 8
合计	7.674 9	0.560 3	0.145 4	0.207 4	8.588 0	0.373 0	2.769 9	3.142 8	0.950 3	0.336 6	1.286 9	0.505 8	13.523 5

8.3.1.2 流域分区用水量及其构成

按流域分区统计用水量,黄河流域和海河流域现状 2016 年用水量分别为 7.689 7 亿 m^3 和 5.833 8 亿 m^3,占全市用水总量的 56.8%和 43.2%。

黄河流域农业用水量占流域用水总量的 67.9%,是流域内第一用水大户;其次是工业用水量,占流域用水总量的 22.6%;生活用水量和生态环境用水量比重相对较小;海河流域农业用水量占流域用水总量的 57.7%,工业用水量占流域用水总量的 24.1%。总体来看,农业用水均是各流域第一用水大户,占流域内用水总量的 50%以上,其次为工业用水。海河流域生活和生态环境用水量占流域用水总量的比例明显高于黄河流域,这与海河流域经济社会发展水平相对较好、居民生活水平相对较高有关。

8.3.2 用水量变化趋势分析

2010~2016 年评价期内,焦作市用水总量的变化趋势与供水总量是一致的,呈略微上升趋势。农业用水受降水丰枯年型影响较大,2010~2016 年全市多年平均降水量相比于 1956~2016 年多年平均值减少 4.0%,降水的减少导致农业用水无论是在量上还是在用水结构中的占比都呈略微上升趋势;工业用水量和其在用水结构中的占比都呈减少趋势,这主要是因为随着近年来产业结构的不断优化升级,淘汰了一批高耗能、高污染的产业,同时新工艺、新技术的应用提高了企业用水效率和用水水平,最严格水资源管理制度的实施也促使企业加强了节水管理和节水意识。

生活用水量逐年稳步上升,年均增幅 4.2%,这是经济社会发展后居民生活水平提高的必然结果;生态环境用水量呈明显上升趋势,尤其是 2014 年后增幅较大,生态环境用水量的增加一方面反映了人民群众对生态环境质量的要求的提高;另一方面也是近年来决策部门实施黑臭水体治理、污染防治攻坚战、城市生态水系建设等一系列生态环境治理措施的具体体现。评价期焦作市各行业用水量情况见表 8-6。

表 8-6　评价期焦作市各行业用水量情况　（单位：亿 m³）

年份	农业用水量	工业用水量	生活用水量	生态环境用水量	总用水量
2010	8.045 4	3.927 4	0.994 4	0.192 2	13.159 4
2011	7.251 7	4.018 1	1.028 3	0.186 1	12.484 2
2012	7.619 2	4.128 8	1.120 6	0.216 5	13.085 1
2013	8.189 1	3.899 3	1.169 5	0.232 4	13.490 3
2014	7.097 8	3.792 5	1.103 8	0.157 9	12.152 1
2015	8.754 9	3.249 2	1.249 9	0.407 8	13.661 8
2016	8.588 0	3.142 8	1.286 9	0.505 8	13.523 5
平均值	7.935 1	3.736 9	1.136 2	0.271 3	13.079 5

8.4　用水消耗量

用水消耗量是指取用水户在取水、用水过程中，通过植物蒸腾蒸发、土壤吸收、产品吸附、居民和牲畜饮用等多种途径消耗掉而不能回归到地表水体或地下含水层的水量。

农业灌溉耗水量包括作物蒸腾、棵间蒸散发、渠系水面蒸发和浸润损失等水量；工业耗水量包括输水损失和生产过程中的蒸发损失量、产品带走的水量、厂区生活耗水量等；生活耗水量包括输水损失以及居民家庭和公共用水消耗的水量；生态环境耗水量包括城镇绿地灌溉输水及使用中的蒸腾蒸发损失、环卫清洁输水及使用中的蒸发损失以及河湖人工补水的蒸发和渗漏损失等。

8.4.1　现状年用水消耗量

焦作市 2016 年用水消耗总量为 8.245 1 亿 m³，综合耗水率为 61%，其中农业用水消耗量 6.573 6 亿 m³，综合耗水率为 76.5%；工业用水消耗量 0.734 5 亿 m³，综合耗水率为 23.4%；生活用水消耗量 0.583 0 亿 m³，综合耗水率为 45.3%；生态环境用水消耗量 0.354 1 亿 m³，综合耗水率为 70%。

各行政区中,武陟县用水消耗量最大,为 1.830 8 亿 m^3,焦作市区用水消耗量最小,为 0.771 2 亿 m^3。从耗水率来看,市区综合耗水率明显低于其他县(市)行政区,这充分反映了市区在用水水平、用水效率以及节水措施等方面的优势。

黄河流域总用水消耗量 4.835 5 亿 m^3,综合耗水率 0.63;海河流域总用水消耗量 3.409 6 亿 m^3,综合耗水率 0.58。从各流域分区不同行业耗水率情况来看,海河流域农业用水耗水率小于黄河流域,这主要是由于农业用水消耗量受降水、蒸发等因素影响较大,与降水呈负相关,而与蒸发呈正相关,海河流域多年平均降水量大于黄河流域,蒸发量与黄河流域基本持平;工业用水耗水率主要决定于当地水资源条件及在此基础上形成的工业用水结构,全市火电等高耗水行业基本上集中在海河流域,由此导致海河流域工业用水耗水率大于黄河流域;生活用水耗水率主要与经济发展水平、居民生活水平、节水水平等多种因素有关,海河流域在这几个因素上优于黄河流域,是其生活用水耗水率小于黄河流域的原因。

2016 年焦作市不同行业用水消耗量情况见表 8-7;各流域不同行业耗水率情况见图 8-6。

表 8-7　焦作市不同行业 2016 年用水消耗量　(单位:亿 m^3)

行政区	农业用水消耗量	工业用水消耗量	生活用水消耗量	生态环境用水消耗量	总用水消耗量	综合耗水率
海河流域	2.429 8	0.459 9	0.315 3	0.204 7	3.409 6	0.58
黄河流域	4.143 8	0.274 6	0.267 7	0.149 4	4.835 5	0.63
市区	0.241 3	0.219 9	0.175 6	0.134 3	0.771 2	0.46
修武县	0.684 4	0.122 7	0.046 1	0.029 0	0.882 2	0.69
博爱县	0.854 6	0.091 0	0.055 6	0.032 3	1.033 5	0.64
武陟县	1.615 2	0.077 8	0.110 1	0.027 7	1.830 8	0.63
温县	1.222 5	0.068 7	0.062 5	0.036 0	1.389 7	0.67
孟州市	0.978 7	0.068 2	0.069 9	0.053 3	1.170 0	0.61
沁阳市	0.976 8	0.086 3	0.063 1	0.041 5	1.167 7	0.57
合计	6.573 6	0.734 5	0.583 0	0.354 1	8.245 1	0.61

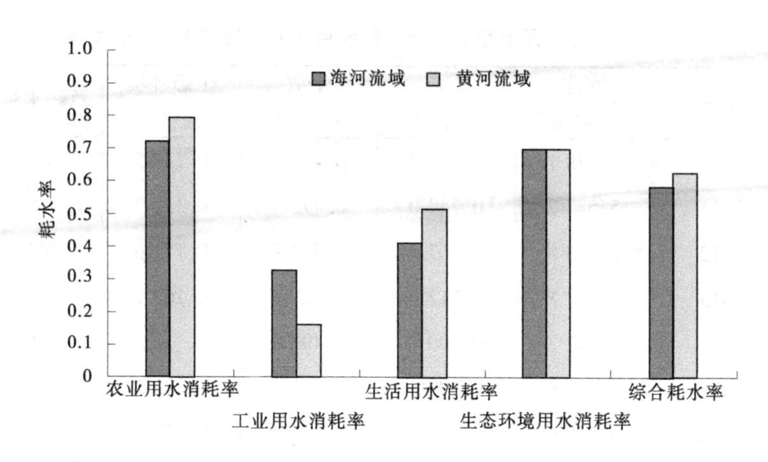

图 8-6　焦作市 2016 年各流域不同行业耗水率

8. 4. 2　用水消耗量变化趋势分析

评价期内焦作市用水消耗总量与用水总量的变化趋势一致,呈上升趋势;农业用水消耗量在用水消耗总量中占绝对主导地位,其变化趋势与用水消耗总量变化趋势一致,呈略微上升趋势,与农业用水总量的变化趋势也基本一致。评价期内农业耗水量远大于其他各行业耗水量之和,这说明农业是全市节水潜力最大的行业,农业节水应是今后节水工作的重中之重;评价期内工业用水消耗量呈下降趋势,但个别年份增幅较大,这说明仍需对高耗水工业行业加强计划用水管理,提高企业的用水水平和效率,增强节水意识;生活用水消耗量与区域人口数量、生活水平和用水习惯有关,评价期内呈上升趋势;生态环境用水消耗量在所有用水行业耗水量中占比是最少的,但随着社会生态环境用水量的逐年快速增长,其消耗量变化也是呈上升趋势。评价期焦作市各行业用水消耗量情况见表 8-8。

表 8-8　评价期焦作市各行业用水消耗量情况　（单位：亿 m^3）

年份	农业耗水量	工业耗水量	生活耗水量	生态环境耗水量	总耗水量
2010	6.178 1	0.710 7	0.472 8	0.134 5	7.496 2
2011	5.577 3	0.749 0	0.473 9	0.130 3	6.930 5
2012	5.813 8	0.767 5	0.514 9	0.151 6	7.247 7
2013	6.252 8	0.712 6	0.529 9	0.162 7	7.658 0
2014	5.462 3	0.700 7	0.491 8	0.110 5	6.765 2
2015	6.696 6	0.599 5	0.561 9	0.285 5	8.143 4
2016	6.573 6	0.734 5	0.583 0	0.354 1	8.245 1
平均值	6.079 2	0.710 6	0.518 3	0.189 9	7.498 0

8.5　用水水平

在水资源开发利用评价中，人均用水量、万元 GDP 用水量、万元工业增加值用水量、农田灌溉亩均用水量、城镇综合生活人均用水量、农村居民生活人均用水量等是反映区域综合用水水平和用水效率的重要指标。

人均用水量是衡量一个地区综合用水水平的重要指标，受当地气候、人口密度、经济结构、作物组成、用水习惯、节水水平等众多因素影响。焦作市 2016 年人均用水量为 381.4 m^3/人，评价期内人均用水量指标无明显变化规律性。

万元 GDP 用水量是综合反映经济社会发展水平的水资源合理开发利用状况的重要指标，与当地水资源条件、经济发展水平、产业结构状况、节水水平、水资源管理水平和用水科技工艺水平密切相关。万元工业增加值用水量是反映工业用水水平的重要指标，与地区工业发展水平、工业结构以及工业用水工艺和节水水平有关。焦作市 2016 年万元 GDP 用水量 57.1 m^3/万元（当年价），万元工业增加值用水量 27.1 m^3/万元（当年价），评价期内这两项指标均呈明显下降趋势，主要是焦作市近年来产业结构调整、节水技术普及、节水产业发展及最严格水资源管理制度“三条红线”考核等多项措施的实施所致。

农田灌溉亩均用水量是反映农业用水效率的主要指标，受种植结构、灌溉习惯、水源条件、灌溉工程设施状况、降水量及时空分布等众多因素影响。焦作市2016年农田灌溉亩均用水量323.2 m^3/亩，由于农田灌溉用水量受降水丰枯影响较大，评价期内全市农田灌溉亩均用水量指标变化随机性较大，没有明显变化趋势。

生活用水指标与地理位置、水资源条件、社会经济发展水平和居民节水意识、节水措施等因素有关。焦作市2016年城镇综合生活人均用水量130.1 L/(人·d)，农村居民生活人均用水量59.7 L/(人·d)，评价期内，随着焦作市社会经济的发展，人民生活水平逐年提高，无论是城镇综合生活用水指标还是农村生活用水指标都呈现增长趋势。评价期焦作市各行业用水指标情况见表8-9。

表8-9　评价期焦作市各行业用水指标

年份	人均用水量 (m^3/人)	万元GDP用水量 (m^3/万元)	万元工业增加值用水量 (m^3/万元)	农田灌溉亩均用水量 (m^3/亩)	城镇生活人均用水量 [L/(人·d)]	农村居民生活人均用水量 [L/(人·d)]
2010	371.7	97.0	48.8	308.2	112.9	45.0
2011	353.7	78.8	42.9	276.2	115.8	45.6
2012	371.7	76.6	41.9	290.7	122.4	50.8
2013	383.9	71.7	36.0	312.5	127.1	52.2
2014	345.0	59.8	35.6	278.7	118.5	48.6
2015	386.6	63.5	30.2	329.8	130.8	55.7
2016	381.4	57.1	27.1	323.2	130.1	59.7

8.6　水资源开发利用存在的主要问题

8.6.1　水资源开发利用不合理

焦作市水资源开发利用以地下水为主,现状年地下水开采量达到7.597亿 m^3,占总供水量的56.2%。长期大量开采地下水造成焦作市南部形成了大面积的地下水漏斗区,即孟州—温县—武陟浅层地下水漏斗区,漏斗区水位持续下降进而可能造成水环境恶化、地面沉降等一系列地质环境问题。再生水等其他水源也未得到充分利用。从国家产业政策和节水要求来看,燃煤电厂等高耗能、高污染产业应加大对再生水的利用,减少新鲜水的取用量。另外,山区水资源利用较为困难,可大力发展雨水利用工程,增加非常规水源的利用。

8.6.2　过境水未充分利用

近年来,小浪底水库调水调沙导致黄河河槽下切以及部分引黄灌区引水设施老化失修严重,造成全市引黄水量大幅减少,年均引黄水量在0.9亿 m^3 左右,远未到达黄河水利委员会分配给焦作市的引黄指标。受气候变化和人类活动影响,近年来沁河上游来水偏枯,加之部分引水闸门老化失修严重,除广利、引沁大型灌区外,下游引水闸门基本无水可引。

焦作市南水北调取水指标2.69亿 m^3,其中市区取水指标2.178亿 m^3,但由于南水北调配套设施建设进展缓慢,现状年焦作市仍无法利用南水北调这一优质水源,尤其是市区,由于没有置换水源,对地下水的依赖尤为严重。

8.6.3　水污染较为严重

焦作市地表水整体水质状况较差,水体污染形式不容乐观,除沁河和丹河部分河段外,其他河流均为Ⅴ类或劣Ⅴ类水质,浅层地下水水质也存在着污染较重、达标率较低的问题,水污染导致水功能丧失,水环境恶化,污染型缺水正在成为焦作市面临的一个严重问题。

8.6.4 水资源的统一管理和调度力度不足

地表水和地下水没有实现联合调度和统一管理,各种水源、各类用水户以及不同时期的用水水价体系存在一定程度的不合理性,不能较好地起到鼓励节约用水、高效节水的经济杠杆作用。

8.7 水资源开发利用潜力

(1)加强节约用水、降低用水定额。加大宣传力度,提高全民节水意识。强化管理措施,开展全社会节约用水活动,充分利用经济杠杆作用,杜绝浪费现象。焦作市节约用水潜力很大,各用水指标和国内节水指标相比,差距也大,不同地区都存在一定的节水潜力。

(2)调整工农业产业结构,发展节水型产业。要根据当地水资源的具体状况,种植适合当地水资源条件的农作物;应当调整产业布局,尽量发展用水量小的工业、企业,同时要不断淘汰耗水量大的落后产业和技术设备。

(3)水资源联合运用,提高利用效率。焦作市水资源不足,要加强地表水和地下水联合运用,分质供水,合理利用水资源,保障人民生活水平的提高和国民经济发展对水的需求量,实现水资源可持续发展。城市工业和生活做到按质供水,工业的循环冷却水和生活中的冲洗用水均可利用城市中水,实现优水优用。农业灌溉尽量采用多水源联合运动,减少用水损失,提高水资源利用效率。

(4)加强水污染防治,提高水质,达到一水多用。目前焦作市水污染较为严重,整体水质状况较差,严重影响到工农业用水和生活用水。要加强水污染防治,提高水质量,不断改善水环境和生态环境质量。保护有限水资源,实现一水多用。

第 9 章　结论及建议

9.1　结　论

水资源是人类不可缺少、不可替代的资源,随着经济社会的不断发展,水资源短缺及水污染严重已成为制约经济社会可持续发展的关键性因素。焦作市水资源具有年际、年内和地区分配不均的特点,且人均水资源占有量严重不足,近年来,受气候变化和人类活动等的影响,水资源情势也发生了一些变化。本次焦作市水资源调查评价在系统分析评价全市水资源数量、质量及开发利用状况的基础上得出以下结论。

9.1.1　水资源数量

9.1.1.1　降水蒸发量

焦作市降水量年际之间变化剧烈,年内分配不均,汛期集中,在地区分布上呈现山区大于平原、北部大于南部的特点。

焦作市多年平均(1956~2016 年)年降水量 582.3 mm,其中黄河流域多年平均降水量 575.6 mm,海河流域多年平均降水量 589.8 mm。全市降水量自 20 世纪 50 年代以来总体上呈减少趋势,80 年代之前的减少趋势明显,80 年代以来,变化相对平缓。

焦作市多年平均蒸发量 1 047.7 mm,20 世纪六七十年代,蒸发量较大,80 年代以来蒸发量处于低值期。多年平均干旱指数为 1.83,属半湿润气候特征。

9.1.1.2　地表水资源量

焦作市天然径流的时空分布特点与降水类似,汛期普遍比降水量的集中程度更高,年际变化相对于降水也更为剧烈。

焦作市多年平均(1956~2016 年系列)地表水资源量 4.123 8 亿

m^3,折合径流深 101.3 mm。其中,黄河流域 2.384 0 亿 m^3,折合径流深 110.9 mm;海河流域 1.739 7 亿 m^3,折合径流深 90.6 mm。

全市地表水资源量呈减少趋势,尤其是 20 世纪 80 年代之后与之前相比,有较大幅度减少,降水量的减少是造成地表水资源量减少的主要原因。另外,人类活动导致下垫面条件的改变也在一定程度上影响了地表水资源量的变化趋势。

9.1.1.3 地下水资源量

焦作市 2001~2016 年多年平均浅层地下水资源量 5.329 亿 m^3,其中平原区浅层地下水资源量 4.456 3 亿 m^3,山丘区地下水资源量 2.302 3 亿 m^3,平原区和山丘区重复计算量 1.429 6 亿 m^3。

全市浅层地下水资源量模数分布特征为:北部山区大于南部平原,平原区大于漏斗区,海河流域大于黄河流域,与降水分布特征类似,局部地区受含水层条件、地下水埋深影响显著。

9.1.1.4 水资源总量

焦作市多年平均(1956~2016 年系列)水资源总量 7.830 8 亿 m^3,产水模数为 19.2 万 m^3/km^2,其中黄河流域水资源总量为 3.844 7 亿 m^3,产水模数为 17.9 万 m^3/km^2;海河流域多年平均水资源总量为 3.986 1 亿 m^3,产水模数为 20.8 万 m^3/km^2。从产水模数地区来看,海河流域大于黄河流域,北部山区大于南部平原,与降水分布特征较为类似。

从水资源总量变化情况来看,自 20 世纪 50 年代以来,水资源总量总体上呈减少趋势,50 年代到 60 年代中期是全市水资源最丰时期,其后直至 2016 年,再未出现水量如此大、持续时间如此长的丰水期。80 年代至今,水资源总量整体变化较为平缓,与降水和天然径流变化情况基本一致,2000 年以后,受人类活动影响的加剧,水资源总量变化情况与天然径流更为接近。

9.1.1.5 水资源可利用量

焦作市多年平均(1956~2016 年系列)地表水可利用量 2.373 9 亿 m^3,其中黄河流域地表水可利用量 1.344 2 亿 m^3,海河流域地表水可利用量 1.029 7 亿 m^3。

焦作市平原区多年平均浅层地下水可开采量为 4.093 3 亿 m^3,可开采系数 0.83,其中黄河流域地下水可开采量 2.035 1 亿 m^3,海河流域地下水可开采量 2.058 2 亿 m^3。

9.1.2 水资源质量

9.1.2.1 地表水资源质量

焦作市地表水天然水化学类型以硫酸盐类为主兼有氯化物类。海河流域地表水水化学类型以 S 类 Na 组Ⅱ型为主;黄河流域地表水水化学类型以 S 类 Ca 组Ⅲ型为主。

2016 年焦作市主要河流全年期共评价河长 428.0 km,其中水质类别为Ⅰ~Ⅲ类河长 157.0 km,占总评价河长的 36.7%;Ⅴ类河长 21.8 km,占比 5.1%;劣Ⅴ类河长 193.1 km,占比 45.1%;断流河长 56.1 km,占比 13.1%。全年期评价超Ⅲ类水质标准河长比例达到 50.2%。

从流域分区来看,全市海河流域河流水质状况较差,除断流河段外,全部为Ⅴ类或劣Ⅴ类水质;黄河流域水质状况好于海河流域,但小浪底至花园口干流区间水质状况较差,主要原因是蟒河水体污染严重。

群英、青天河、马鞍石 3 个水库全年期水质类别均为Ⅲ类,水质状况总体较好。其中,群英水库营养状态指数为 57,属轻度富营养状态;青天河水库营养状态指数为 48,属中营养状态;马鞍石水库营养状态指数为 52,属轻度富营养状态。

2016 年全市 28 个地表水功能区(包括两个黄河干流水功能区)除 3 个断流水功能区和 4 个没有水质目标的排污控制区不参加达标评价外,共 21 个水功能区参与达标评价。其中,达标水功能区共计 8 个,个数达标比例为 38.1%;评价河长 291.1 km,达标河长 143 km,达标比例为 49.1%。

从全市大沙河、沁河和蟒河水质代表站 2000~2016 年水质监测项目浓度变化趋势来看,高锰酸盐指数、化学需氧量和氨氮浓度均呈下降趋势,总磷浓度均无明显升降趋势。

9.1.2.2 地下水资源质量

焦作市平原区浅层地下水天然化学类型以 $HCO_3-Ca \cdot Mg$ 和

HCO_3-Na · Ca · Mg 型为主。

焦作市平原区浅层地下水水质较差,达标率较低。在 64 眼地下水水质监测井中,超Ⅲ类水质标准监测井共计 53 眼,占 82.8%。主要超标项目为总硬度、硫酸盐、溶解性总固体、铁、氟化物、锰等。

本次评价共涉及 4 个地下水饮用水水源地,分别是峰林水厂闫河地下水饮用水水源地、太行水厂周庄地下水饮用水水源地、新城水厂东小庄地下水饮用水水源地和中站水厂李封地下水饮用水水源地。4 个水源地全部位于焦作市区,均为岩溶地下水,4 个地下水饮用水水源地现状年水质类别均为Ⅲ类,水质全部合格。

9.1.3　水资源开发利用现状

2016 年焦作市供水总量 13.523 5 亿 m^3,按供水水源划分,地表水源供水量 5.926 8 亿 m^3,地下水源供水量 7.596 7 亿 m^3,分别占总供水量的 43.8%和 56.2%;按流域统计,黄河流域供水量为 7.689 7 亿 m^3,海河流域供水量为 5.833 8 亿 m^3,分别占总供水量的 56.8%和 43.2%。全市供水结构主要以开采浅层地下水为主,其次为引水工程和跨流域调水。评价期内,全市供水总量略微呈上升趋势,年均增长率为 0.4%。

2016 年焦作市用水总量为 13.523 5 亿 m^3,其中农业用水量 8.588 0 亿 m^3,占全市用水总量的 63.5%;工业用水量 3.142 8 亿 m^3,占全市用水总量的 23.2%;生活用水量 1.286 9 亿 m^3,占全市用水总量的 9.5%;生态环境用水量 0.505 8 亿 m^3,占全市用水总量的 3.7%。按流域分区统计,黄河流域用水量 7.689 7 亿 m^3,海河流域用水量 5.833 8 亿 m^3,分别占全市用水总量的 56.8%和 43.2%。全市用水结构以农业用水量为主,其次为工业用水量,生活用水量和生态环境用水量的比重较小。评价期内,全市用水总量的变化趋势与供水总量是一致的,略微呈上升趋势。

2016 年焦作市用水消耗总量为 8.245 1 亿 m^3,综合耗水率为 61%,其中农业用水消耗量 6.573 6 亿 m^3,工业用水消耗量 0.734 5 亿 m^3,生活用水消耗量 0.583 0 亿 m^3,生态环境用水消耗量 0.354 1

亿 m^3。

2016 年焦作市人均用水量 381. 4 m^3/人,万元 GDP 用水量 57. 1 m^3/万元,万元工业增加值用水量 27. 1 m^3/万元,农田灌溉亩均用水量 323. 2 m^3/亩,城镇综合生活人均用水量 130 L/(人 · d),农村居民生活人均用水量 59. 7 L/(人 · d)。

9. 2 建 议

9. 2. 1 加强和完善水资源调查评价工作

水资源调查评价是水资源综合规划和水资源优化配置的基础性工作,是科学管理水资源的前提。水资源系统又是一个动态系统,其制约因素(技术、社会经济和环境等)是不断发展和变化的,因此需要对本阶段工作中的不足和出现的问题进行深入研究,随着资料的增加和技术的不断完善,水资源调查评价工作应不断地加以完善和改进,并对一些疑难问题组织专题研究。

9. 2. 2 加快水文站网调整和建设

水文站网所收集的水文资料是水资源评价和管理运用的基本依据。随着地区经济发展水平的提高,收集资料的目的和对资料的需求也相应有所变化,既要为地区内水资源评价提供资料,又要满足水资源开发利用和促进地区经济发展的需要。因此,只有加强水文站网的调整和建设,大力加强水文测验的科学研究,提高资料的精度,最大限度地发挥水文资料的效益,才能更好地为水资源开发利用服务。

9. 2. 3 加强农业节水和水价改革,进一步提高水资源利用效率

从现状焦作市用耗水量来看,农业灌溉用耗水量较大,2016 年全市农田灌溉亩均毛用水量 323. 2 m^3,有着很大的节水潜力。因此,要因地制宜地制定一些鼓励性政策,大力推广农业高效节水灌溉技术。大中型灌区要积极开展续建配套节水改造,减少渠系渗漏损失,提高灌

溉水有效利用系数和农业综合生产力；井灌区应大力推广喷灌、微灌、滴灌等节水灌溉，避免大水漫灌，合理调整农业优化种植结构，减少高耗水作物的种植比例。加快推进农业水价改革，合理核定成本水价，兼顾管理运行成本和农民承受能力，建立健全水价形成机制，实行定额内用水优惠水价，超定额用水累进加价，发挥水价在水资源管理和节水工作中的作用。建立农业水权制度，鼓励农户转让节水量，推行节水量跨区域、跨行业转让。

9.2.4　加强水资源保护，改善水环境质量

焦作市地表水整体水质状况较差，水体污染形式不容乐观，除沁河和丹河部分河段外，其他河流均为Ⅴ类或劣Ⅴ类水质，浅层地下水水质也存在着污染较重的问题，污染型缺水正在成为焦作市面临的一个严重问题。因此，要大力加强水资源保护措施，实施污染物入河总量控制，加大现有污染源治理力度，对重点排污企业要从源头上控制其污染物排放量。同时，要加快城乡污水处理厂(站)的建设力度，严格控制污染物直排。实施城市黑臭水体治理、碧水保卫战、美丽乡村等一系列改善城乡人居生活环境的措施。减少化肥和农药的施用量，减少对浅层地下水的面源污染，不断改善全市水环境质量。

参考文献

[1] 中华人民共和国水利部. 水文基本术语和符号标准:GB/T 50095—2014 [S]. 北京:中国计划出版社,2014.

[2] 河南省水文地质工程地质勘察院. 焦作市中深层地下水资源及其开发利用现状调查评价报告[R]. 焦作:焦作市水利局,2007.

[3] 赵云章,朱中道,王继华,等. 河南省地下水资源与环境[M]. 北京:中国大地出版社,2004.

[4] 王建武,王宪章,杨大勇,等. 河南省水资源[M]. 郑州:黄河水利出版社,2007.

[5] 陈志恺. 中国水资源的可持续利用[J]. 中国水利,2000(8):38-40.

[6] 郭周亭. 径流量计算成果合理性分析方法的初探[J]. 水文,2008(5):71-75.

[7] 郭周亭. 水资源评价中存在的问题与对策[J]. 水文,2009(5):86-89.

[8] 姚章民,张建云. 水资源评价研究进展[J]. 水资源研究,2009(2).

[9] 张芳,潘国强,张玉顺,等. 河南省水资源问题及节水型社会建设成效评价[J]. 中国农村水利水电,2011(3):62-65.